全国应用型本科院校化学课程统编教材

无机化学实验

（第二版）

主　编　张建会

副主编　郭秀芬　周　军　徐　飞

孙长峰　谢　果

参　编　史苏华　梁锐杰　岳　鑫

成　蕾　梁　起　张　乔

华中科技大学出版社

中国·武汉

内 容 提 要

本书是普通高等院校无机化学实验教材，全书包括29个实验，其内容涵盖了无机化学实验中的基本操作与技能训练，用多种实验方法测定特征常数，验证化学原理、元素及其化合物的性质，化合物的制备、分离、提纯及其组分分析，综合与设计性实验，创意化学魔术设计与展示以及趣味实验。有些实验后附有实验注意事项和附注(即相关知识的介绍)。书后附有附录，便于师生和实验技术人员查阅。

本书可供普通高等院校，特别是应用型本科院校应用化学、化工、材料、生化、医药、农林、环保、食品等专业的教师和学生使用，也可作为成人教育、自学考试应试人员等的教学用书或参考书。

图书在版编目(CIP)数据

无机化学实验/张建会主编.—2版.—武汉：华中科技大学出版社，2019.8(2022.12重印)
全国应用型本科院校化学课程统编教材
ISBN 978-7-5680-5444-7

Ⅰ.①无… Ⅱ.①张… Ⅲ.①无机化学-化学实验-高等学校-教材 Ⅳ.①O61-33

中国版本图书馆CIP数据核字(2019)第149954号

无机化学实验(第二版) 张建会 主编
Wuji Huaxue Shiyan(Di-er Ban)

策划编辑：王新华
责任编辑：李 佩 王新华
封面设计：原色设计
责任校对：张会军
责任监印：周治超
出版发行：华中科技大学出版社(中国·武汉) 电话：(027)81321913
武汉市东湖新技术开发区华工科技园 邮编：430223
录 排：华中科技大学惠友文印中心
印 刷：武汉开心印印刷有限公司
开 本：787mm×1092mm 1/16
印 张：8.5
字 数：220千字
版 次：2022年12月第2版第2次印刷
定 价：28.00元

前　　言

无机化学实验是应用化学、化工、材料、生化、医药、农林、环保、食品等专业学生必修的第一门基础化学实验课，其教学目的不仅限于验证理论知识，更重要的是通过本门课程的教学，向学生介绍化学学科的实验方法，训练学生的基本实验技能、实验技术，培养学生严谨的学习态度，使学生逐步学会对实验现象的观察、记录，分析、判断、推理及归纳总结，提高学生分析问题和解决问题的能力，为后续实验课程的学习、研究奠定坚实的基础。

考虑到本教材的使用对象是应用型本科院校大一新生，大多数学生在中学阶段受到的化学实验训练十分有限，有些学生甚至没有亲自动手做过化学实验，急需进行严格扎实的系统性的基础实验训练，因此本书在编写过程中注意突出以下特点。

1. 注重化学实验的基础知识和基本操作技能的训练，强化安全意识

首先明确提出对学生的实验基本要求，强调对学生良好实验习惯和严谨学习态度的培养，注重对学生进行安全和“三废”处理的重要性的教育，详细地介绍实验基础知识，包括常用仪器及其基本操作技术，并力图将其贯穿于实验内容中，让学生掌握更多的实验技能和了解相关知识。

2. 精心编排各部分实验内容，优化实验项目

本教材的内容不是将几所学校的实验内容简单地组合在一起，而是多位具有丰富一本、二本和应用型本科教学经验的教授和副教授在对各基础实验内容进行筛选、归纳、优化的基础上进行科学合理的编排，力求具有代表性，以达到基础实验能力培养的要求。

本教材在第一版的基础上，精选实验 29 个，其内容涵盖了无机化学实验中的基本操作与技能训练，用多种实验方法测定特征常数，验证化学原理、元素及其化合物的性质，化合物的制备、分离提纯及其组分分析，综合与设计性实验。

3. 与无机化学理论课程既紧密联系又相对独立

本教材既紧密配合无机化学理论课的教学，又注意保持其作为一门课程的相对独立性和完整性。每个实验的主要内容包括：实验目的、实验原理、实验用品、实验步骤、注意事项、思考题。“实验原理”的内容侧重于实验所涉及的基本原理和对实验现象的理论解释等，供学生预习和复习时参考，“注意事项”和“思考题”的内容侧重于实验的关键问题，启迪学生思考，帮助学生更好地进行预习，把握实验重点，抓住实验关键，确保实验顺利进行。有些实验还包括“数据记录及处理”和“附注”。“附注”即相关知识的介绍，其内容侧重于实验中涉及的，但无机化学理论课很少介绍的知识点。

4. 体现应用型本科生基础实验能力培养的要求

编写时注意实用性和可操作性，在“实验步骤”的内容描述上，注意用引导性的语言启发学生如何观察实验现象，如：“观察 CCl_4 层（试纸、溶液、沉淀等）的颜色变化”“观察产物的颜色和状态（气体、液体和固体）”“观察有无沉淀产生”等，避免简单描述为“观察现象”，使学生逐步学会对实验现象的观察。

5. 尽量选择安全环保、试剂廉价易得、结果可靠、学生感兴趣的实验内容

培养学生的环保意识和节约意识。同时，实验用品给出具体名称、规格和数量，便于实验准备。

各院校可根据不同专业需要和实验室条件选择具体实验内容。

参编人员有史苏华(第一部分和第二部分)、张建会(第三部分实验 6、8、10、15、18、20 和附录)、郭秀芬(第三部分实验 3、9,第四部分实验 1)、周军(第三部分实验 4、7、12)、谢果(第三部分实验 1、5、14,第四部分实验 4、8、9)、孙长峰(第三部分实验 2、11、16、17、19,第四部分实验 3、5)、徐飞(第三部分实验 13,第四部分实验 2、6、7)。全书由主编张建会负责统一整理、补充、修改和定稿工作。梁锐杰、岳鑫、梁起、张乔等做实验验证,以确保重现性,为本书的编写发挥了重要作用,成蕾参加了部分文字的修改校对工作。

本次编写工作得到了珠海科技学院、电子科技大学中山学院、南京中医药大学、湖南农业大学、聊城大学东昌学院的大力支持;在本次编写过程中参考了第一版大量的资料,对于第一版作者付出的辛勤劳动表示衷心感谢。华中科技大学出版社对本书的出版给予了自始至终的关心和支持,在此表示谢意。

限于编者水平,不足之处在所难免,恳请读者和同行指出,以不断完善教材内容。

编　者

2019 年 4 月

目　录

第一部分　无机化学实验基本要求

1.1　开设无机化学实验的目的和意义

化学是一门以实验为基础的科学，化学中的定律和学说都源于实验，同时又为实验所检验。因此，学习化学离不开实验。

无机化学实验是高等院校化学及相关专业新生第一门必修的基础实验课程，通过该课程的学习所能达到的主要目的如下。

(1) 使学生掌握无机化学实验基础知识，学会正确使用基本仪器，比较规范地掌握无机化学实验的基本操作方法和技能，学会处理一般实验事故等方面的能力。

(2) 使学生掌握无机化合物的一般制备和分离提纯方法，学会某些常数的测定方法，了解和认识化学反应的事实，加深对无机化学基本概念和基本原理的理解，培养学生以化学实验为工具获取知识的能力。

(3) 使学生学会正确观察、记录、分析、总结、归纳实验现象，合理处理实验数据、撰写实验报告，培养学生用文字表达实验结果的能力。

(4) 培养学生严谨、实事求是的学习态度，科学严肃的思维方法，认真细致的工作作风，整洁有序的工作习惯和互相协作的团队精神。

无机化学实验的任务就是要通过这一教学环节，逐步达到上述各项目的，为学生进一步学习其他后继课程打好基础。

1.2　怎样学好无机化学实验

要达到无机化学实验的目的，必须有正确的学习态度和良好的学习方法。无机化学实验的学习，大致可分为以下三个环节。

1. 课前预习

实验前应认真阅读实验教材，参考理论课教材和参考资料中的相关内容，明确实验目的、理解实验原理、了解实验步骤和注意事项，熟悉仪器结构及其使用方法，做到心中有数，避免边做边翻书的“照方抓药”式的实验。

预习时要求写出预习报告，上课时由指导教师检查或抽查，其结果记入平时成绩。书写实验预习报告时应注意以下几点。

(1) 用自己的语言简明扼要地书写，切忌照书抄。

(2) 实验步骤可以用符号、箭头、框图或表格等形式表达。

(3) 简要解答思考题(上课时指导教师要提问，回答结果计入平时成绩)。

2. 进行实验

在教师指导下，实验中要严守纪律，认真实验，规范操作，细致观察，及时、如实、认真地做好详细记录。要求：每人须备有实验记录本，通常用预习报告本。

3. 书写报告

实验报告是学生完成整个实验的重要组成部分。因此,实验结束后,书写实验报告是必须完成的一项工作。

要按照规定的时间和要求完成实验报告,并交给实验指导教师批改。实验报告要求标注页码,不得撕页。如遇有两人合作完成的实验,实验原始数据可以共用,但实验报告要求个人独立完成,注明合作者。

1.3　实验课指导教师岗位职责和教学工作要求

无机化学实验课程的一个显著特点是以学生动手、教师辅导为主,即以学生为主体,学生自始至终处于主动地位。因此,在实验教学中的一条重要原则是:充分发挥学生的主体作用以及教师在实验中的指导启发作用。

一、实验课指导教师岗位职责

(1) 实验前,任课教师必须认真备课,一律按要求写教案,认真做预备实验,做到心中有数,保证实验结果稳定可靠。

(2) 要严格执行教学计划和课程进度,做到不迟到、不早退、不离岗,不得随意更改上课时间和地点,不得擅自停课和串课,不得擅自提前结束课程,上课期间不得批改实验报告、拨打和接听手机,同时应提醒学生关闭手机。

(3) 任课教师必须挂牌上岗,负责实验的全过程。实验课开始时由任课教师重点讲解实验原理、实验中的注意事项、示范操作等。

(4) 上课时教师应有目的地提问,并将学生回答问题的情况计入平时成绩;检查学生的实验预习报告和实验记录,并加以指导。

有时某些实验课先于其理论课,教师要提醒学生提前自学实验课内容所涉及的相关理论知识,做到心中有数。

(5) 实验教学过程中坚持巡视辅导,对学生的不规范操作及时给予纠正,实验结束验收学生的实验数据。

(6) 耐心细致回答学生提出的各种问题,并启发和鼓励学生自己动手解决问题,帮助学生尽快掌握处理实验中所遇难题的能力。

(7) 认真、详细、及时记录学生平时实验操作情况,实事求是、客观、公正地给予平时成绩和评价。

(8) 检查学生出勤情况,对违纪行为要及时进行批评教育并扣除相应平时成绩分数。

(9) 教师在实验结束后监督学生做好个人及实验室整理工作,实事求是地填写好实验室工作日志。

(10) 组织学生期末考试,批阅试卷,评定学生综合成绩等。

二、实验报告的批改与管理

(1) 实验报告批改要有签名、分数及批改日期。

(2) 对学生完成的实验报告数量和质量要做书面记录,每个实验项目的实验报告成绩登记在实验报告成绩登记本中,并按一定比例作为平时成绩的一部分计入实验课总评成绩。

(3) 对迟交实验报告的学生要酌情扣分，对缺交和抄袭实验报告的学生应及时批评教育，并对该次实验报告的分数以零分处理。

如学生抄袭或缺交实验报告次数达到该课程全学期实验次数 1/3 以上(包括 1/3)，取消该生参加本课程考核的资格。

1.4　实验课对学生的基本要求及实验成绩考核办法

为了顺利完成实验任务，确保人身、设备安全，培养学生严谨、踏实、实事求是的学习态度和爱护公共财产的优良品质，要求每个学生必须遵守实验室各项规章制度。

一、实验课对学生的基本要求

(1) 实验前要充分预习，认真阅读实验指导书及参考资料，明确实验目的、原理及要求，了解实验内容，按照规范的格式认真撰写实验预习报告。将实验预习报告本编号，不得撕页。

有些实验课是在理论课之前上，所以要提早自学，做到心中有数。

(2) 使用仪器设备前，必须了解相关仪器设备的性能，在实验中的正确使用方法及其注意事项。

使用时严格遵守操作规程，做到准确操作。

(3) 实验课不得迟到、早退、旷课，课上必须认真听指导教师讲解，实验时要严格按照操作规范进行，认真做好实验记录。

(4) 养成良好的实验习惯，进入实验室要穿实验服，严禁喧闹、串位、吸烟和饮食，保持实验台和整个实验室的整洁，不乱扔废纸杂物，保持水池清洁。

(5) 实验中应注意观察现象，将实验现象及数据如实、及时地记在预习报告本上，不要记在书上，也不得随意涂改。

要认真听取实验教师的指导，实验记录经教师审阅检查，签字登记。

(6) 认真值日，爱护公物，注意节约，如有损坏或丢失仪器要按规定及时赔偿。

如损坏仪器设备不报告，一经发现，将严加处罚。

(7) 特别要注意安全，不得随意触摸和使用与本实验无关的实验室内其他仪器、设备。

(8) 实验结束后，关掉仪器设备电源开关、拉闸，仪器摆放整齐(仪器由高到低，由大到小摆放)，实验现场整理干净，经指导教师同意后方可离开实验室。

(9) 值日生要负责实验室的水、电、气、窗的关闭，打扫实验室、仪器室卫生，登记并经指导教师同意后方可离开。

二、实验成绩考核办法

实验成绩考核为综合评分制。实验课成绩由实验预习报告成绩(占 10%)、实验记录和实验操作成绩(占 30%)、实验报告成绩(占 20%)、实验习惯成绩(占 10%)、期末实验考试成绩(占 30%)五部分组成。

(1) 实验预习报告成绩：主要依据实验准备是否充分，实验预习报告的书写是否规范和认真等。

(2) 实验记录和实验操作成绩：主要依据实验记录、动手能力、实验态度、是否发生意外事故等。

（3）实验报告成绩：主要依据书写的实验内容是否完整、实验结果是否合理、实验数据处理是否真实准确、实验报告的书写是否规范和认真等。

（4）实验习惯成绩：主要依据出勤（包括是否迟到、早退和旷课），值日工作完成情况等。

（5）期末实验考试成绩：采取笔试或实验操作考试，也可以是两者并用。

注：实验成绩考核办法，各学校可根据本校实际情况自行调整。

第二部分　无机化学实验基础知识和基本操作

2.1　实验室安全知识

实验室是学校实验教学的重要基地。在化学实验中，要时时刻刻把实验室安全放在首位，牢固树立“安全第一”的观点，注意实验室管理过程中的各个环节，消除事故隐患。

一、实验室安全常识

化学实验中常常使用水、电、煤气、酒精灯、化学试剂和各种仪器，化学试剂中很多是易燃、易爆、有毒或有腐蚀性的，存在着许多不安全因素。为确保实验能安全顺利进行，必须严格遵守下列安全规则。

(1) 加强安全教育，提高师生的安全和自我保护意识。

实验前要了解电源、消火栓、灭火器、紧急洗眼器等的位置及正确的使用方法。

(2) 学生实验时必须在教师指导下进行操作，严格遵守操作规程。

(3) 实验时要身着长裤，长袖、过膝的实验服，不准穿拖鞋、大开口鞋和凉鞋。

(4) 长发(过衣领)必须束起或藏于帽内。

(5) 实验进行过程中不得擅离岗位，水、电、煤气等用后要立即关闭。

(6) 实验室内严禁吸烟、饮食、大声喧哗、打闹。

(7) 不要直接嗅反应放出的气味；使用电器设备时，切不可用湿手去开启电闸和电器开关。

凡是漏电的仪器不要使用，以免触电。

(8) 洗液、浓酸、浓碱等具有强烈腐蚀性，使用时要特别小心，不要洒在皮肤和衣服上，尤其不可溅入眼睛中。

用浓 HNO_3、HCl、$HClO_4$、H_2SO_4 等溶解试样时均应在通风橱中进行操作。

(9) 有机溶剂(如乙醇、乙醚、丙酮等)多易燃，使用时一定要远离明火和热源，使用后应放回阴凉处。

(10) 有刺激性、有毒或有恶臭气体(如 H_2S、Cl_2、CO、SO_2、Br_2 等)的实验，应在通风橱中进行。

(11) 有毒试剂(如氰化物、砷化物、汞盐、铅盐、重铬酸钾等)要严防进入口内或接触伤口，也不能随意倒入水槽，应回收(倒入废液桶内)处理。

(12) 禁止往水槽内倒入杂物(如玻璃碎片、废纸、火柴杆等)。强酸、强碱及有毒的有机溶剂也不能倒入水槽，应小心倒入废液桶内回收。

(13) 进行危险性实验时，应使用防护眼镜、面罩、手套等防护用具。

(14) 稀释浓硫酸时，必须在耐热容器内进行，并且在不断搅拌下，慢慢地将浓硫酸加入水中。绝对不能将水加入浓硫酸中，这样做会集中产生大量的热，溅射酸液，是很危险的。

(15) 溶解氢氧化钠、氢氧化钾等物质时发热，必须在耐热容器中进行。

二、实验室常见事故的简单处理方法

1. 烫伤

被火、高温物体或开水灼烫后,应立即用冷水冲洗或浸泡,洗灼伤处,涂上凡士林或烫伤药膏。

2. 割伤

先将伤口中的异物取出,伤势不重者用生理盐水或硼砂液冲洗伤处,再涂上紫药水,必要时再撒上消炎粉,用绷带包扎。伤势较重者先用酒精消毒,再用纱布按住伤口,压迫止血,立即送医院诊治。

3. 酸、碱腐蚀

首先用大量水冲洗,酸腐蚀用2%～5%碳酸氢钠溶液冲洗,碱腐蚀用1%柠檬酸或硼酸饱和溶液冲洗,再用清水冲洗,涂上凡士林。若受氢氟酸腐蚀,应用水冲洗后再以稀苏打溶液冲洗,然后浸泡在冰冷的饱和硫酸镁溶液中半小时,最后再敷以20%硫酸镁、18%甘油、1.2%盐酸普鲁卡因和水配成的药膏。若酸、碱液溅入眼内,应立即用大量水冲洗,边洗边眨眼睛,然后分别用稀的碳酸氢钠溶液或硼酸饱和溶液冲洗,最后滴入蓖麻油。

4. 吸入有毒气体

吸入Br_2、Cl_2或HCl气体时,可吸入少量酒精和乙醚的混合蒸气,使之解毒。吸入H_2S气体而头昏、头痛者,应立即到室外呼吸新鲜空气。

5. 毒物进入口内

将5～10 mL稀硫酸铜溶液加入一杯温开水中,内服,然后用手指伸入咽喉部,促使呕吐,再立即送医院治疗。

6. 温度计水银球破裂

不慎将温度计水银球碰破,应及时用硫黄粉覆盖,防止汞蒸气中毒。

7. 起火

不要惊慌,根据情况进行灭火,首先应立即移走易燃品,如果不小心弄倒了燃烧的酒精灯,千万不能用水灭火。小火可用大块的湿布覆盖燃烧物,火势太大则用泡沫灭火器扑灭。电器设备起火时,首先切断电源,再用四氯化碳或二氧化碳灭火器扑灭,不能用泡沫灭火器。若火势较猛,应立即与有关部门联系,请求救援。若衣服着火,不可慌张乱跑,应立即用湿布或石棉布灭火;如果燃烧面积较大,可躺在地上打滚。

8. 触电

首先拉开电闸切断电源,或尽快地用绝缘物(干燥的木棒、竹竿等)将触电者与电源隔开,必要时再进行人工呼吸。

三、实验室“三废”处理方法

为保护环境和人身财产安全,保障教学实验的顺利进行,实验过程中产生的“三废”(废液、废气、废渣)大多数是有毒、有害的,不得私自乱倒,必须经过处理才能排放。

1. 废气的处理

产生少量有毒气体的实验应在通风橱内进行,通过排风设备将少量毒气排到室外,被空气稀释;产生大量有毒气体的实验必须具备吸收或处理装置。如NO_2、SO_2、H_2S等酸性气体应用碱液吸收。

2. 废渣、废液的处理

(1) 实验室应配备储存废渣、废液的容器，实验所产生的对环境有污染的废渣和废液应分类倒入指定容器储存，收集的废渣、废液应及时报告，由学校统一处理。

(2) 酸性、碱性废液按其化学性质，分别进行中和后处理，使 pH 值达到 6～9 后排放。

(3) 尽量不使用或少使用含有重金属的化学试剂进行实验。

2.2 无机化学实验技术及操作规范

一、玻璃器皿的洗涤与干燥

1. 常用玻璃仪器及器具

试管(包括硬质试管和离心试管)、烧杯、锥形瓶、量筒、试剂瓶、滴瓶、研钵、蒸发皿、试管夹、试管架、点滴板、石棉网、燃烧匙、三脚架、坩埚、坩埚钳、铁架台(包括铁夹和铁圈)、自由夹和螺旋夹等二十几种仪器和器具(图 2-2-1)是化学实验中常用的，正确使用这些仪器和器具是十分重要的。

2. 玻璃仪器的洗涤

玻璃仪器洗净的标志：仪器中的水倾出后，容器内壁能被水均匀地润湿(均匀地附着一层水膜)，而无水的条纹和不挂水珠。

洗涤仪器的方法很多，可根据实验的要求、污物的性质及沾污的程度进行选用。洗涤方法有如下几种。

1) 用水振荡冲洗和用水刷洗(用毛刷刷洗)

既可洗去可溶性物质，又可使附着在器壁上的尘土和不溶物等洗脱下来。

2) 用去污粉、合成洗涤剂等刷洗

可除去仪器上的油污和有机物。

3) 用浓盐酸洗

可以洗去附着在器壁上的氧化剂，如 MnO_2。

4) 用铬酸洗液洗

可用于洗涤油污及有机物，铬酸洗液有强酸性和强氧化性，去污能力强，适用于洁净程度要求高的玻璃仪器。

(1) 用铬酸洗液洗涤的具体方法如下。

① 将玻璃器皿用水或洗衣粉洗刷一遍，尽量把器皿内的水沥干，以免冲稀洗液。

② 往仪器里加入少量洗液，使仪器倾斜着慢慢转动，让仪器内壁全部被洗液润湿。

③ 把洗液倒回回收瓶内，以便重复使用。

④ 若仪器沾污厉害，也可以把仪器内注满洗液进行较长时间的浸泡。若用热的洗液洗涤则效果更佳。

(2) 铬酸洗液的配制方法。

将 8 g 研细的工业 $K_2Cr_2O_7$ 加到温热的 100 mL 浓硫酸中小火加热，切勿加热到冒白烟。边加热边搅动，冷却后储于细口瓶中待用。

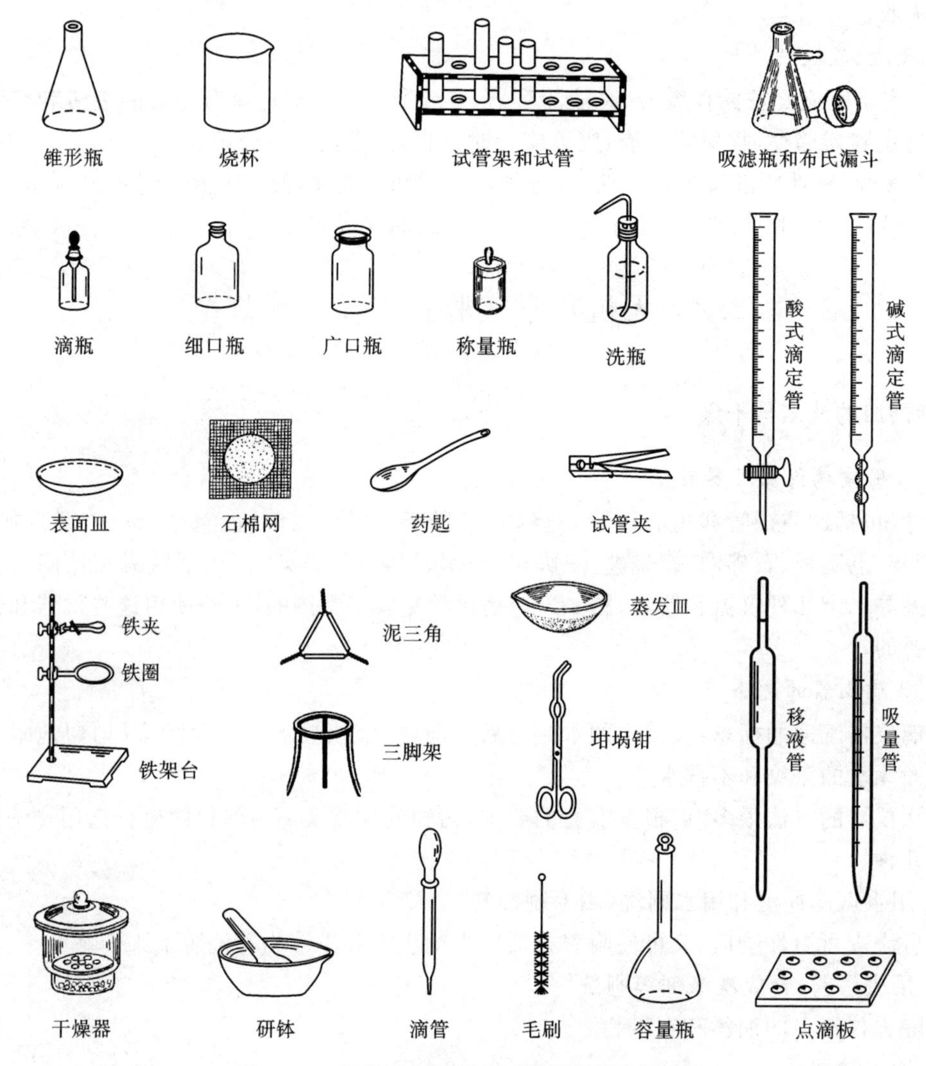

图 2-2-1　部分无机化学实验常见仪器及器具

【注意事项】

洗液有强腐蚀性,使用洗液时一定要注意安全,勿溅到衣物、皮肤上。能用其他方法洗净的仪器就不必用铬酸洗涤,一是节约,二是安全。洗液的吸水性很强,应随时把装洗液的瓶子盖严,以防吸水降低去污能力。当洗液颜色变成绿色时,洗涤效能下降,应重新配制。

5) 其他洗涤方法

(1) 用含 $KMnO_4$ 的 NaOH 溶液洗。

可用于洗涤油污及有机物。洗后在玻璃器皿上留下 MnO_2 沉淀,可用浓 HCl 或 Na_2SO_3 溶液将其洗掉。

配制含 $KMnO_4$ 的 NaOH 溶液时,先将 10 g $KMnO_4$ 溶于少量水中,再向该溶液中注入 100 mL10%NaOH 溶液即成。

(2) 用盐酸-酒精(1∶2)洗涤液洗。

适用于洗涤被有机试剂染色的比色皿。比色皿应避免使用毛刷和铬酸洗液。

无论何种方法,最后均应用水冲洗干净。必要时再用蒸馏水冲洗 2～3 次。用蒸馏水冲洗仪器的原则是:“少量多次”。

3. 仪器的干燥

1) 晾干法

不急用的仪器,在洗净后,挂在晾板上(图 2-2-2),利用仪器上残存水分的自然挥发而使仪器干燥。

图 2-2-2　晾板

2) 烤干法

利用加热使水分迅速蒸发而使仪器干燥。此法常用于可加热或耐高温的仪器,如试管、烧杯、烧瓶、蒸发皿等可以在石棉网上小火或电炉上加热进行干燥,试管也可直接用小火烤干。加热前先将仪器外壁擦干,然后用小火烤。加热时常用试管夹或坩埚钳将仪器夹住并在火旁转动或摆动,使仪器受热均匀。

3) 快干法

一般只在实验中临时使用。将仪器洗净后倒置把水沥干,注入少量(3～5 mL)能与水互溶且挥发性较大的有机溶剂(常用无水乙醇),将仪器转动使溶剂在内壁流动,待内壁全部浸湿后倾出溶剂(应回收),并擦干仪器外壁,再用电吹风或气流烘干器(图 2-2-3(a)、(b))的热风迅速将内壁残留的易挥发物赶出,达到快干的目的。气流烘干器对干燥锥形瓶、试管等非常方便。

4) 烘干法

如需要干燥较多仪器,通常使用电热干燥箱(烘箱),如图 2-2-3(c)所示。一般将洗净的仪器沥干,放入电热干燥箱内的隔板上,关好门,将箱内温度控制在 110 ℃,恒温约半小时,即可。

(a) 电吹风

(b) 气流烘干器

(c) 电热干燥箱

图 2-2-3　电干燥仪器

【注意事项】

ⅰ. 精密计量仪器不能用加热的方法进行干燥,因为这样会影响仪器的精密度。

ⅱ. 对于厚壁瓷质仪器和实心玻璃塞不能烤干,但可烘干,烘干时升温要慢。

二、加热与冷却

1. 加热装置及其使用方法

加热是化学实验室中常用的实验手段,这里主要介绍煤气(气体燃料)灯、酒精(液体燃料)喷灯、电加热设备(如电炉、烘箱和马弗炉等)。

1) 煤气灯

(1) 煤气灯的构造。

煤气灯是实验室中不可缺少的实验工具,种类虽多,但构造原理基本相同。最常用的煤气灯如图 2-2-4 所示。

煤气灯由灯座和灯管组成。灯座由铁铸成,灯管一般是铜管。灯管通过螺口连接在灯座上。空气的进入量可通过灯管下部的几个圆孔来调节。灯座的侧面有煤气入口,用胶管与煤气管道的阀门连接,在另一侧有调节煤气进入量的螺旋针(阀),顺时针关闭。根据需要量大小可调节煤气的进入量。

(2) 煤气灯的使用方法。

煤气灯的点燃:向下旋转灯管,关闭空气入口,先擦燃火柴,后打开煤气灯开关,将煤气灯点燃。

煤气灯火焰的调节:调节煤气的开关或螺旋针,使火焰保持适当的高度。这时煤气燃烧不完全并且产生炭粒,火焰呈黄色,温度不高。向上旋转灯管调节空气进入量,使煤气燃烧完全,这时火焰由黄变蓝,直至分为三层,称为正常火焰(图 2-2-5)。

焰心(内层):煤气和空气混合并未燃烧,颜色灰黑,温度低,约为 300 ℃。

还原焰(中层):煤气燃烧不完全,火焰含有炭粒,具有还原性,称为还原焰。还原焰呈淡蓝色,温度较高。

氧化焰(外层):煤气完全燃烧,过剩的空气使火焰具有氧化性,称为氧化焰。氧化焰呈淡紫色,温度高,可达 800～900 ℃。

煤气灯火焰的最高温度处在还原焰顶端的上部。实验时,一般用氧化焰来加热,根据需要可调节火焰的大小。

当空气或煤气的进入量调节不合适时,会产生不正常火焰,如图 2-2-6 所示。当空气和煤气进入量都很大时,火焰离开灯管燃烧,称为临空火焰。当火柴熄灭时,火焰也立即熄灭。当空气进入量很大而煤气量很小时,煤气在灯管内燃烧,管口上有细长火焰,这种火焰称为侵入火焰。侵入火焰会把灯管烧得很热,应注意,以免烫手。遇到不正常火焰时,要关闭煤气开关,待灯管冷却后重新调节再点燃。

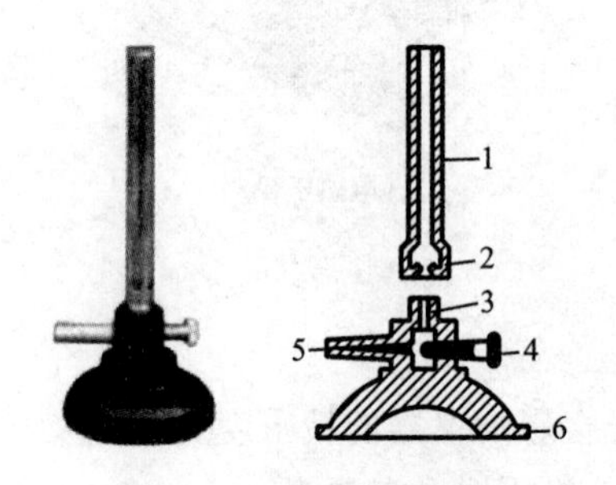

图 2-2-4　煤气灯的构造

1—灯管;2—空气入口;3—煤气出口;4—螺旋针;5—煤气入口;6—灯座

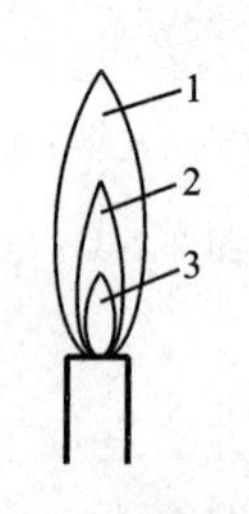

图 2-2-5　正常火焰

1—氧化焰;2—还原焰;3—焰心

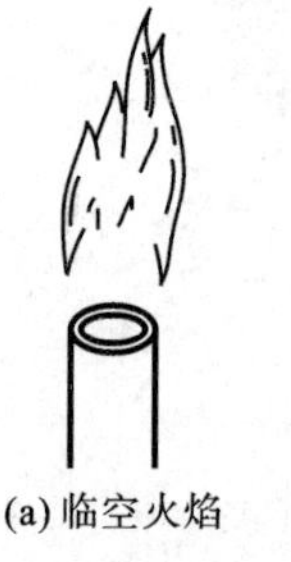

(a) 临空火焰

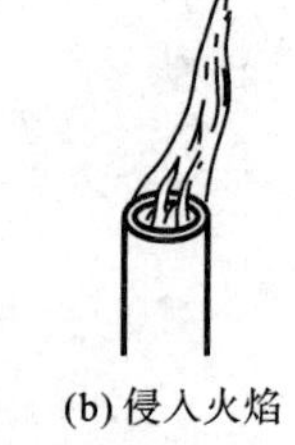

(b) 侵入火焰

图 2-2-6　不正常火焰

(3) 煤气灯加热。

用煤气灯直接加热试管中液体或固体时,将试管夹夹在试管的中部偏上的位置,试管口不要对着人,小心操作,注意安全。

用煤气灯加热烧杯、锥形瓶、烧瓶等玻璃器皿中的液体时,必须放在石棉网上,所盛液体不应超过烧杯容积的 1/2 或锥形瓶、烧瓶容积的 1/3。

加热蒸发皿时，将其放在石棉网或泥三角上，所盛液体不要超过其容积的 2/3。

用煤气灯灼烧坩埚或加热固体时，要将坩埚放在泥三角上，用氧化焰灼烧。先用小火加热，然后逐渐加大火焰灼烧。注意不要让还原焰接触坩埚底部，以防结炭以致破裂。高温下取坩埚时，要用坩埚钳。先将坩埚钳预热再去夹取坩埚，用后要将坩埚钳的尖端向上，平放在实验台上。

2）酒精喷灯

在没有煤气的实验室中，酒精灯和酒精喷灯是常用的加热仪器。酒精灯的火焰温度一般在 400～500 ℃，而酒精喷灯的火焰温度可达 700～1 000 ℃。酒精喷灯按形状可分为座式酒精喷灯和挂式酒精喷灯两种。下面介绍座式酒精喷灯的原理、结构、使用方法。

（1）工作原理。

喷灯主要靠酒精蒸气与空气混合后燃烧而获得高温火焰。

（2）座式酒精喷灯的构造。

座式酒精喷灯的外形结构如图 2-2-7 所示，它主要由酒精入口、预热碗、预热管、燃烧管、调节杆等组成。预热管与燃烧管焊在一起，中间有一细管相通，使蒸发的酒精蒸气从喷嘴喷出，在燃烧管燃烧。通过调节调节杆，控制火焰的大小。

图 2-2-7　座式酒精喷灯

1—酒精入口（铜帽）；2—预热碗；3—预热管；4—燃烧管；5—调节杆

（3）酒精喷灯的使用方法。

旋开旋塞向灯壶内注入酒精，至灯壶总容积的 2/5～2/3，不得注满，也不能过少。过满易发生危险，过少则灯芯线会被烧焦，影响燃烧效果。拧紧旋塞，使其不漏气。

新灯或长时间未使用的喷灯，点燃前需将灯体倒转 2～3 次，使灯芯浸透酒精。

将喷灯放在石棉板或大的石棉网上（防止预热时喷出的酒精着火），往预热碗中注入酒精并将其点燃。等预热管内酒精受热汽化并从喷嘴喷出时，预热碗内燃着的火焰就会将喷出的酒精蒸气点燃。有时也需用火柴点燃。移动空气调节器，使火焰按需求稳定。

停止使用时，可用石棉网覆盖燃烧口，同时移动空气调节器，加大空气量，灯焰即熄灭。然后，稍微拧松旋塞（铜帽，小心烫伤），将灯壶内的酒精蒸气放出。

喷灯使用完毕，应将剩余酒精倒出。

【注意事项】

ⅰ. 严禁使用开焊的喷灯。

ⅱ. 严禁用其他热源加热灯壶。

ⅲ. 若经过两次预热后，喷灯仍然不能点燃，应暂时停止使用。

ⅳ. 喷灯连续使用时间以 30～40 min 为宜。使用时间过长，灯壶的温度逐渐升高，导致灯壶内部压力过大，喷灯会有崩裂的危险，可用冷湿布包住喷灯下端以降低温度。

ⅴ. 在使用中如发现灯壶底部凸起，应立刻停止使用，查找原因（可能使用时间过长、灯体温度过高或喷嘴堵塞等）并做相应处理后方可使用。

3）电加热装置

实验室常用电炉和马弗炉（图 2-2-8）等进行电加热。

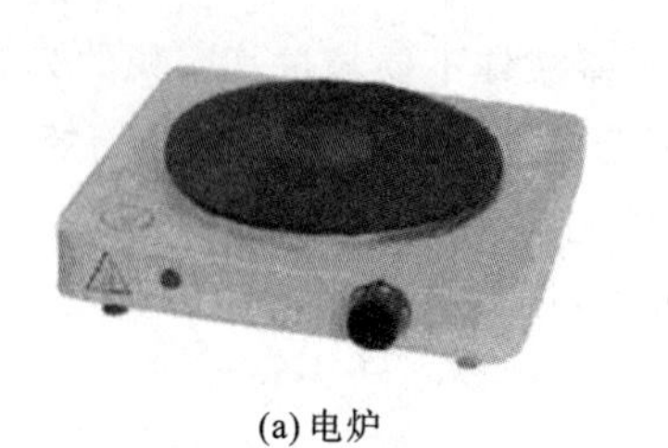
(a) 电炉

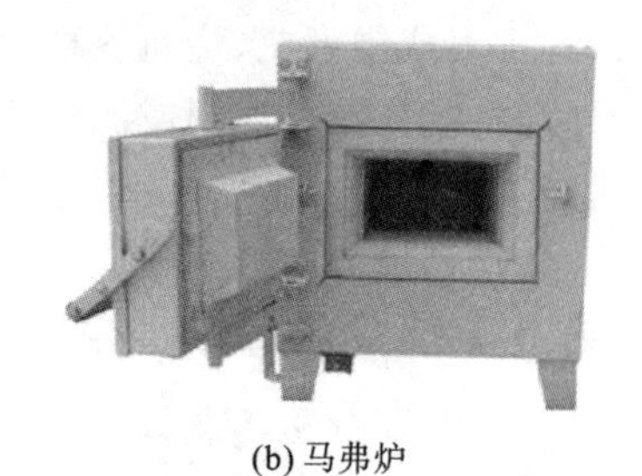
(b) 马弗炉

图 2-2-8　电加热仪器

电炉可代替煤气灯加热容器中的液体。

烘箱是利用电热丝隔层加热使物体干燥的设备。它适用于比室温高 5～300 ℃的烘焙、干燥、热处理等。它一般由箱体、电热系统和自动控温系统三部分组成。

马弗炉是利用电热丝或硅碳棒加热的高温炉,炉膛呈长方体,很容易放入要加热的坩埚或其他耐高温的容器。

马弗炉的温度用温度控制仪连接热电偶来控制,热电偶是将两根不同的金属丝一端焊接在一起制成的,使用时把未焊接的一端连接在毫伏计正、负极上,焊接端伸入炉膛内。温度越高热电偶热电势越大,由毫伏计指针偏离零点远近指示出温度的高低。

2. 加热操作

1) 加热试管中的液体和固体

试管中的液体可直接加热,用试管夹夹住距试管口 1/3 处。加热时试管内盛放的液体不超过试管容积的 1/3。加热前外壁应无水滴;加热后不能骤冷,以防止试管破裂。加热时,试管应稍微倾斜,管口向上,注意试管口不应对着任何人或有危险品的方向;不要集中加热某一部分,先加热液体的中上部,再慢慢往下移动,然后不时上下移动,使溶液各部分受热均匀。

给固体加热时,试管要横放,管口略向下倾斜,以免凝聚的水珠倒流回灼热的试管底部使试管炸裂。

不能用试管加热熔融 NaOH 等强碱性物质。

2) 加热烧杯中的液体

在烧杯中加热液体时,烧杯必须放在石棉网上,以防止受热不均而破裂,液体体积不超过烧杯容积的 1/2。

3) 水浴和砂浴

除常规加热外,还有均匀加热,如水浴(100 ℃以内)、砂浴(可到 350 ℃)加热等。

(1) 水浴加热。

当被加热物质要求受热均匀而温度又不超过 100 ℃时,采用水浴加热。水浴是通过热水加热盛在容器中的物质。若加热器皿并不浸入水中,而是通过水蒸气加热,则称为水蒸气浴。

水浴可以用煤气灯、酒精喷灯或电炉直接加热的水浴锅,被加热的容器放在水浴锅的铜圈或者铝圈上(图 2-2-9),无机化学实验常用大烧杯代替水浴锅进行水浴加热。

实验室经常用恒温水浴箱(图 2-2-10)进行水浴加热。恒温水浴箱用电加热,可自动控制温度,可同时加热多个试样。水浴箱内盛水量不要超过容积的 2/3,被加热的容器不要碰到水浴箱底。

图 2-2-9　水浴锅加热

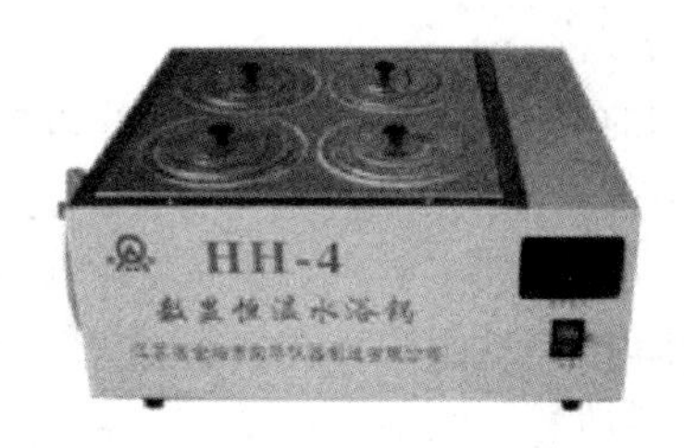

图 2-2-10　恒温水浴箱

(2) 砂浴加热。

当被加热物质要求受热均匀,温度又高于 100 ℃时,可用砂浴。砂浴主要使用一个盛有均匀细砂的平底铁盘,将被加热容器下部埋在砂中,用电炉加热砂盘。砂浴温度可达 300～400 ℃,由插入砂内的温度计来测量加热温度。

4) 加热蒸发皿中的液体(蒸发浓缩)

蒸发皿口宽、底浅,受热面积大,蒸发速度快。每次蒸发溶液的量不能超过蒸发皿容积的 2/3。

3. 冷却方法

(1) 自然冷却:将待冷却的物品放在空气中自然冷却。

(2) 水浴冷却:将待冷却的物品放在自来水水浴中冷却。

(3) 冰水浴冷却:将待冷却的物品放在冰水浴中冷却。

(4) 冰盐浴冷却:将待冷却的物品放在冰盐浴中冷却。

冰盐浴主要使用由冰盐或水盐混合物构成的制冷剂。可冷却至 0 ℃以下。所能达到的温度由冰盐的比例和盐的品种决定。

三、简单玻璃加工操作与塞子钻孔

玻璃硬而脆,没有固定的熔点,加热到一定温度开始发红变软。玻璃的导热系数小,冷却速度慢,因而便于加工。

在化学实验中经常自制一些滴管、搅拌棒、弯管等,要进行玻璃管的截断、拉细、弯曲和熔光等操作。因此,学会玻璃管的简单加工和塞子打孔等基本操作是非常必要的。

1. 玻璃管的简单加工

1) 截断

将玻璃管平放在实验台上,左手按住要截断处的左侧,右手用锉刀的棱在要截断的地方锉出一道凹痕。锉刀应该向一个方向锉,不要来回锉,锉痕应与玻璃管垂直,这样才能保证断后的玻璃管截面是平整的。然后,手持玻璃管凹痕向外用拇指在凹痕后面轻轻加压,同时食指向外拉,使玻璃管断开,如图 2-2-11 所示。

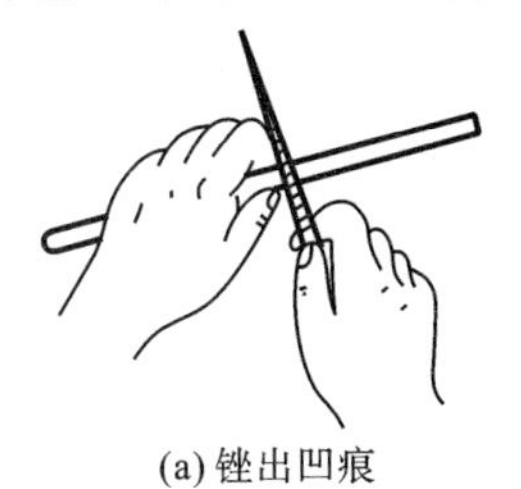

(a) 锉出凹痕

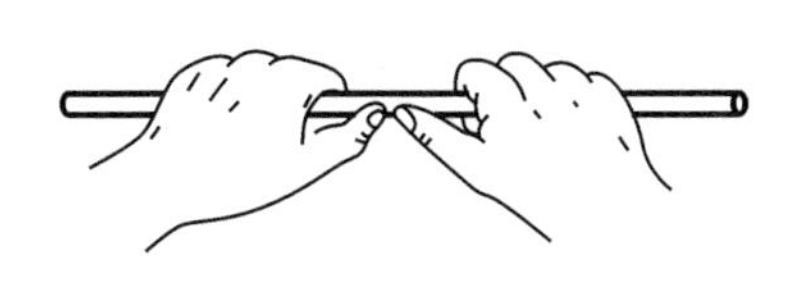

(b) 折断玻璃管

图 2-2-11　截断玻璃管

2) 熔光

切割的玻璃管(棒),其截断面的边缘很锋利,容易割破皮肤、橡皮管或塞子,所以必须将其放在火焰中熔烧,使之平滑,这个操作称为熔光(或圆口)。将刚切割的玻璃管(棒)的截面插入火焰中熔烧。熔烧时,角度一般为45°,并不断来回转动玻璃管(棒),直至管口变成红热平滑为止。

熔烧时,加热时间过长或过短都不好。过短,则管(棒)口不平滑;过长,则管径会变小。转动不匀,会使管口不圆。灼热的玻璃管(棒),应放在石棉网上冷却,切不可直接放在实验台上,以免烧焦台面,也不要用手去摸,以免烫伤。

3) 拉细

如图2-2-12所示,双手持玻璃管,把要拉的位置斜放入氧化焰中,尽量增大玻璃管的受热面积,缓慢转动玻璃管。当玻璃管被烧到足够红软时,离开火焰稍停1～2 s,沿着水平方向边拉边旋转,拉到所需要的细度时,一手持玻璃管使其竖直下垂冷却,然后按顺序放在石棉网上。

待玻璃管冷却后,在拉细部分截断,即得到带有尖头的玻璃管。熔光时,粗的一端烧熔后立刻垂直在石棉网上轻轻向下按一下,将管口扩开,冷却后安上胶头即成滴管;细的一端要小心加热熔光,避免烧结。

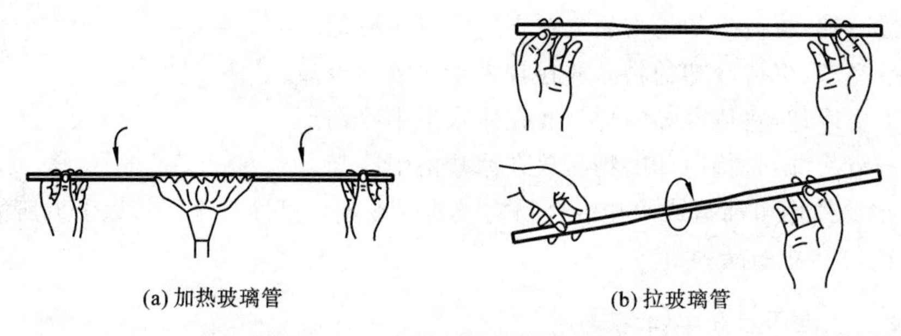

(a) 加热玻璃管　　(b) 拉玻璃管

图2-2-12　加热玻璃管和拉玻璃管

4) 弯曲

根据需要玻璃管可弯成不同的角度,弯管的方法可分为慢弯法和快弯法。

(1) 慢弯法。

玻璃管在氧化焰中加热(与拉玻璃管加热操作相同),当被烧到刚发黄变软能弯时,离开火焰,弯成一定角度。弯管时两手向上,手法成V形(图2-2-13)。120°以上的角度可一次弯成,较小的角可分几次弯成。先弯成一个较大的角,以后的加热和弯曲都要在前次加热部位稍偏左或偏右处进行,直到弯成所需要的角度,不要把玻璃管烧得太软,一次不要弯得太多。

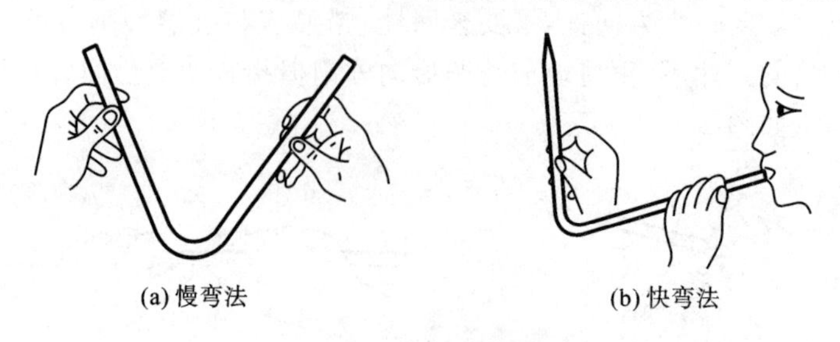

(a) 慢弯法　　(b) 快弯法

图2-2-13　弯玻璃管

(2) 快弯法。

先将玻璃管拉成尖头并烧结封死,冷却后在氧化焰中将玻璃管欲弯曲部位加热到足够红软时,离开火焰。如图2-2-13所示操作,左手拿玻璃管从未封口一端用嘴吹气,右手持尖头的一端向上弯管，一次弯成所需要的角度。这种方法需火焰宽些，加热温度要高，弯成的角比较圆滑。注意吹的时候用力不要过大，以免将玻璃管吹漏气或变形。

2. 塞子钻孔

实验室常用的塞子有玻璃塞、橡胶塞、软木塞、塑料塞。玻璃塞一般是磨口的，与瓶配合紧密，但带有磨口塞的玻璃瓶不适合于装碱。软木塞不易与有机物质作用，但易被碱腐蚀。胶塞可以把瓶塞紧又可以耐碱腐蚀，但易被强酸和某些有机物质侵蚀。

当塞子上需要插入温度计或玻璃管时，就需要钻孔。实验室经常用的钻孔工具是钻孔器，如图 2-2-14 所示，它是一组粗细不同的金属管。钻孔器前端很锋利，后端有柄，可用手握，钻后进入管内的橡胶或软木用带柄的铁条捅出。具体步骤叙述如下。

1）钻孔

首先要进行塞子大小的选择。塞子的大小应与仪器的口径相适合，塞子塞进瓶口或仪器口的部分不能少于塞子本身高度的 1/2，也不能多于 2/3。

在胶塞上钻孔，要选择一个比要插入橡皮塞的玻璃管口径略粗一点的钻孔器，因为橡皮塞有弹性，孔道钻成后由于收缩而使孔径变小（若是软木塞则要用略细的钻孔器）。将塞子小头朝上平放在实验台上的一块垫板上（避免钻坏台面），左手用力按住塞子，不得移动，右手握住钻孔器的手柄，为了减少摩擦力可在钻孔器上涂上甘油或水。将钻孔器按在选定的位置上，沿一个方向，一面旋转一面用力向下钻动。钻孔器要垂直于塞子的面上，不能左右摆动，更不能倾斜，以免把孔钻斜。钻至深度约达塞子高度一半时，反方向旋转并拔出钻孔器，用带柄捅条捅出嵌入钻孔器中的橡皮（或软木）。然后调换塞子大头，对准原孔的方位，按同样的方法钻孔，直到两端的圆孔贯穿为止；也可以不调换塞子的方位，仍按原孔直接钻通到垫板上为止。拔出钻孔器，再捅出钻孔器内嵌入的橡皮（或软木）。

对于软木塞，需先用压塞机压实（图 2-2-15），或用木板在桌上压实（图 2-2-16），其余操作如前所述。橡胶的摩擦力较大，为胶塞钻孔时一般用力较大，应注意安全，避免受伤。

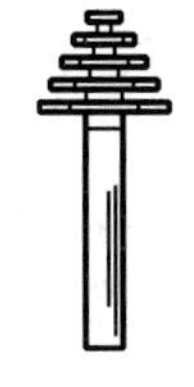

图 2-2-14　钻孔器

图 2-2-15　压塞机

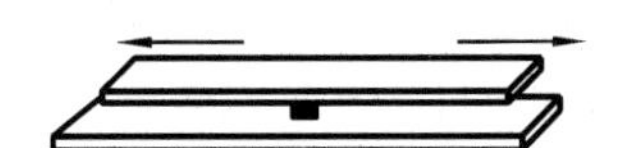

图 2-2-16　将软木塞放在桌子上碾压

2）安玻璃管

孔钻好后，将玻璃管前端用水润湿，转动下把管插入塞中合适的位置，如图 2-2-17 所示。注意手握管的位置应靠近塞子，不要用力过猛，以免折断玻璃管把手扎伤。可用毛巾等把玻璃管包上，防止扎伤。如果玻璃管很容易插入，说明塞子的孔过松不能用。若塞子的孔过小时可先用圆锉将孔锉大，然后再插入玻璃管。

【注意事项】

ⅰ. 切割玻璃管（棒）及给瓶塞打孔时，易造成割伤。往玻璃管上套橡皮管或将玻璃管插进橡皮塞孔内时，必须正确选择合适的匹配直径，将玻璃管端面烧圆滑，用水或甘油湿润管壁及塞内孔，并用布裹住手，以防玻璃管破碎时割伤手部。把玻璃管插入塞孔内时，必须握住塞子的侧面，不能把它撑在手掌上。

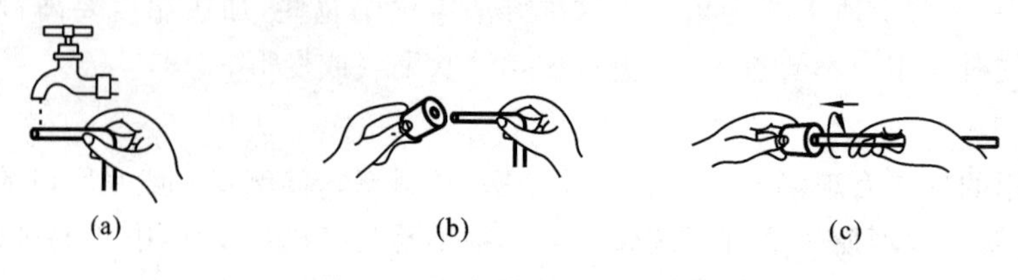

图 2-2-17　导管与塞子的连接

ⅱ. 装配或拆卸玻璃仪器装置时，要小心地进行，防备玻璃仪器破损、割手。

四、容量仪器及其使用方法

1. 量筒

量筒是用来粗略地量取一定体积的液体的一种量器。

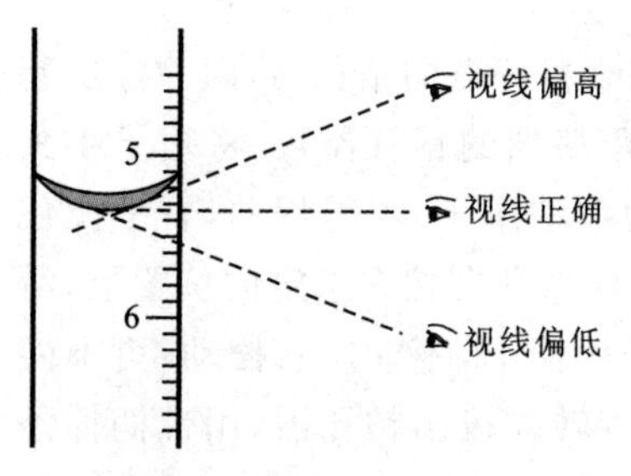

图 2-2-18　读数时视线位置

量筒不能加热，不能在其中配制溶液，不能在烘箱中烘烤，操作时要沿壁加入或倒出溶液。读数时，视线与刻度线在同一水平线，并与溶液的弯月面相切，如图 2-2-18 所示。

2. 移液管和吸量管

移液管是用来准确移取一定体积的溶液的一种量器。它是一种量出式仪器，只用来测量它所放出溶液的体积。它是一根细长而中间有一膨大部分的玻璃管，管的下端为尖嘴状(注意：不能加热，上端和尖端不可磕破)，上部的管颈刻有一环状标线。常用的规格有 50 mL、25 mL、10 mL、5 mL。通常又把具有精细刻度的直形玻璃管称为吸量管。常用的吸量管有 20 mL、10 mL、5 mL、2 mL、1 mL 等规格。移液管和吸量管所移取的体积通常可准确到 0.01 mL。

移液管的使用方法如下。

① 使用时，应先将移液管洗净，自然沥干，移取溶液前，应先用滤纸将移液管末端内、外的水吸干，并用待量取的溶液少许润洗 3 次，以确保所移取溶液的浓度不变。

② 用右手拇指及中指捏住管颈标线以上的地方，将移液管插入待量取的溶液液面下约 1 cm，不应伸入太多，以免管尖外壁沾有溶液过多，也不应伸入太少，以免液面下降后而吸空。这时，左手拿洗耳球，先把球中空气压出，再将洗耳球的尖嘴接在移液管上口，慢慢将溶液吸上，注意移液管应随容器内液面下降而下降，当移液管内液面升高到刻线以上约 1 cm 时，移去洗耳球，立即用右手食指堵住上口。将移液管提出液面，使其保持垂直，然后略为放松食指，并轻轻捻动管身，使液面缓慢下降，当溶液的弯月面下沿恰与刻线相切时，立即用食指压紧上口，使溶液不再流出，并使出口尖端接触容器外壁，以除去尖端外残留溶液。

③ 将移液管移入准备承接溶液的容器中，使其出口尖端接触器壁，使容器稍微倾斜，而使移液管垂直，然后放松右手食指，使溶液自然地沿容器壁流下，待溶液停止流出后，一般等待 15 s 拿出(图 2-2-19)，以便使附着在管壁的部分溶液得以流出。

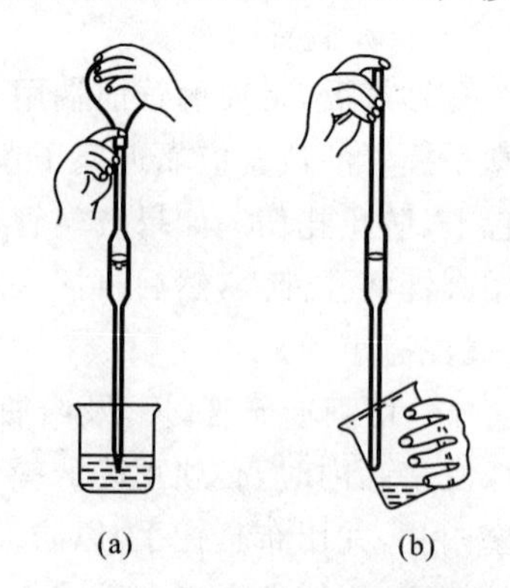

图 2-2-19　吸取溶液和放出溶液

④ 此时移液管尖端仍残留有一滴液体，如果移液管未标明“吹”字，则残留在管尖末端内的溶液不可吹出，因为移液管所标定的量出容积中并未包括这部分残留溶液。

吸量管的使用方法与移液管类似，使用时将液面从一个刻度落到另一刻度，两刻度间的体积即为所加溶液的体积。

【注意事项】

ⅰ. 移液管及吸量管多用洗耳球(橡皮吸球)吸取溶液，对有毒、挥发性、刺激性、腐蚀性溶液更不可用嘴直接吸取。

ⅱ. 需准确量取 5 mL、10 mL、20 mL、25 mL、50 mL 等整数体积的溶液，应选用相应大小的移液管。不能用两个或多个移液管分取相加的方法来精密量取整数体积的溶液。

ⅲ. 使用同一移液管量取不同浓度溶液时要注意充分荡洗，应先量取较稀的一份，然后量取较浓的一份。在吸取第一份溶液时，高于标线的距离最好不超过 1 cm，然后再往下放至标线，这样吸取第二份不同浓度的溶液时，可以吸得再高一些，注意要荡洗管内壁，以消除第一份溶液的影响。

3. 容量瓶

容量瓶是具有细长的颈和磨口玻璃塞(也有塑料塞)的梨形的平底瓶，塞与瓶应编号配套或用绳子相连接，以免弄错，在瓶颈上有环状标线。容量瓶用于配制标准溶液或稀释溶液，是一种量入式仪器。容量瓶的容积有 2 000 mL、1 000 mL、500 mL、250 mL、100 mL、50 mL、25 mL、10 mL、5 mL；颜色有无色、棕色两种，应注意选用。

容量瓶的使用方法如下。

① 在使用容量瓶之前，要先检查瓶塞是否严密，防止在配制溶液过程中漏水。在瓶中放水到标线附近，塞紧瓶塞，使其倒立 2 min，用干滤纸片沿瓶口缝处检查，看有无水珠渗出。

② 用容量瓶配制溶液时，先将精确称重的试样放在小烧杯中，加入少量溶剂，搅拌使其溶解(若难溶，可盖上表面皿，稍加热，但必须冷却后才能转移)。沿玻璃棒将溶液定量地移入洗净的容量瓶中，如图 2-2-20 所示，然后用洗瓶吹洗烧杯壁 5～6 次，按同法转入容量瓶中。

③ 当溶液加到瓶中 2/3 处以后，将容量瓶水平方向摇转几周(勿倒转)，使溶液大体混匀。然后，把容量瓶平放在桌子上，慢慢加水到距标线 1 cm，停留 1～2 min，使黏附在瓶颈内壁的溶液流下，用滴管伸入瓶颈接近液面处，眼睛平视标线，加水至弯月面下部与标线相切。

④ 立即盖好瓶塞，用一只手的食指按住瓶塞，另一只手的手指托住瓶底，如图 2-2-21 所示，注意不要用手掌握住瓶身，以免体温使液体膨胀，影响容积的准确性(对于容积小于 100 mL 的容量瓶，不必托住瓶底)。随后将容量瓶倒转，使气泡上升到顶，此时可将瓶振荡数次。

图 2-2-20　转移溶液到容量瓶中

图 2-2-21　容量瓶的翻动

再倒转过来,仍使气泡上升到顶。如此反复 10 次以上,才能混合均匀。

容量瓶不能长久储存溶液,尤其是碱性溶液会侵蚀瓶壁,并使瓶塞黏住,无法打开。容量瓶不能加热。

4. 滴定管

滴定管是一种量出式仪器,用来测量容器放出的溶液的体积。在容量分析中,通常将滴定剂置于滴定管中,然后逐滴地加到被测的试液中去,也可作为准确连续量取液体体积的量器。滴定管是细长、均匀并有精细刻度的玻璃管,下端呈尖嘴状,并有截止阀用以控制滴加溶液的速度。按截止阀构造的不同,可分为酸式和碱式两种。酸式滴定管用玻璃活塞作截止阀,为防止漏水和便于控制,要在活塞表面涂一薄层凡士林。碱式滴定管采用一段橡皮管作截止阀,管中置一合适的玻璃球。碱性溶液会腐蚀玻璃活塞,最终使活塞无法转动,因此碱性溶液必须放在碱性滴定管中;具有氧化性的溶液(如高锰酸钾溶液)会侵蚀橡胶,必须放在酸式滴定管中。

常量滴定管的容积多为 50 mL 或 25 mL,最小刻度为 0.1 mL,可读到 0.01 mL。半微量滴定管的容积有 10 mL、5 mL、2 mL、1 mL,最小刻度为 0.01 mL。

滴定管的使用方法如下。

1) 检查

① 仔细检查滴定管是否完好无损,活塞是否灵活。

② 给活塞涂凡士林。把活塞栓取出,用滤纸把活塞栓和栓孔擦干,然后用手指蘸少许凡士林,在活塞栓两头薄薄地涂上一层,如图 2-2-22 所示,然后把活塞栓插入塞槽内,向同一方向旋转使油膜在活塞内均匀透明,且活塞转动灵活。

③ 加入少许蒸馏水,转动活塞,看活塞处是否漏水,滴定管是否畅通。

2) 洗涤

使用时,应先将滴定管用洗液、自来水、蒸馏水洗净,自然沥干,最后用少量(5~8 mL)滴定溶液润洗 3 次,以确保滴定溶液的浓度不变。

3) 装液

① 将滴定溶液加到滴定管后,检查滴定管下端是否有气泡,如有,可将酸式滴定管稍倾斜,转动活塞,使水流急速流下而排除掉。如果是碱式滴定管,可将橡皮管向上弯曲,出口上斜,并捏紧玻璃珠附近的橡皮管,使溶液从尖嘴快速喷出,将气泡赶走,如图 2-2-23 所示。

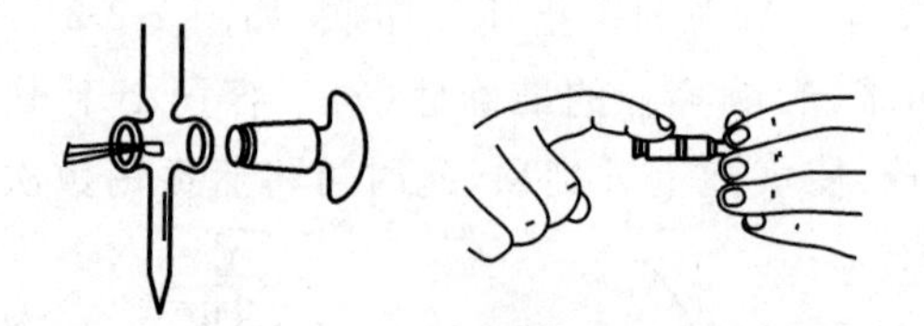

图 2-2-22 玻璃活塞涂凡士林

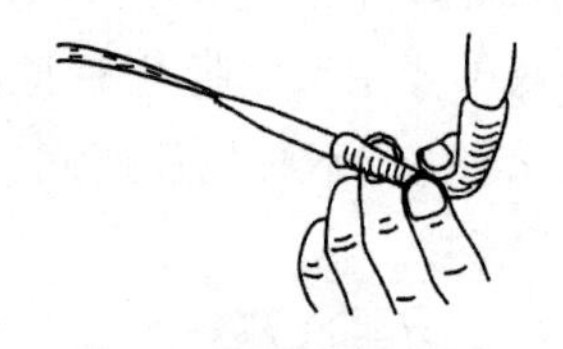

图 2-2-23 碱式滴定管逐气

② 调整液面刻度至 0.00 刻线处。

4) 滴定

滴定时,滴定管应该竖直地夹在滴定管架上,并使活塞柄向右。控制活塞的方法是:用左手握住活塞,拇指在前,食指和中指在后拿住活塞柄,控制活塞转动,无名指和小指向手心自然弯曲,轻轻地贴在下端出口部分,如图 2-2-24 所示。转动活塞时不要向外用力,以免拉出活塞,应稍向手心处用力压紧活塞,当然也不要用力过大,以免造成活塞转动困难。

锥形瓶的拿法是：用右手的拇指、食指和中指握住锥形瓶的瓶颈，其余两指辅助拿好，使锥形瓶高出滴定台 2～3 cm，滴定管下端深入瓶内约 1 cm，左手控制滴定速度，右手不断摇动锥形瓶，此时要注意，摇动锥形瓶应该腕关节用力，使锥形瓶向同一个方向旋转，不能前后或左右摇动，避免溶液飞溅出来，也不能摇得太慢，以免影响反应的充分进行。

图 2-2-24　滴定操作手法

半滴的加入方法是：首先要缓慢转动活塞，使尖端挂有液滴，但是悬而未落，然后关闭活塞，用锥形瓶内壁将液滴沾落，用洗瓶吹少量蒸馏水将附着于锥形瓶内壁上的溶液冲下去，充分摇动锥形瓶，观察颜色变化。如此反复，直到锥形瓶中溶液变为终点颜色，并在 30 s 内不褪色，即达到终点。

这样完成一次滴定操作后，滴定管中的溶液不用倒掉，只需要重新加入溶液至“0”刻度以上，并再次调节液面，然后重复前面操作，进行下一次滴定。一般要求平行滴定三次，当全部实验结束后，滴定管内剩余溶液要倒入废液缸中，不能倒回原瓶，以免造成污染。最后，用自来水和蒸馏水将滴定管清洗干净，上口朝下夹在滴定管架上，以备下次使用。

碱式滴定管的使用方法和酸式滴定管差不多，也需要刚才所讲的一系列步骤。但是，因为碱式滴定管的截止阀是内有玻璃珠的乳胶管，所以在使用上也有其特殊的地方。

在滴定时，用左手来控制乳胶管和玻璃珠，拇指在前，食指在后，其余三个手指辅助夹住下端出口管，滴定时用拇指和食指捏住玻璃珠的右侧稍上部，稍用力向右挤压乳胶管，使玻璃珠移向手心方向，这样，液体就可以从玻璃珠旁边的空隙流出了。注意挤压时，不要使玻璃珠上下移动，也不要捏玻璃珠下部的胶管，以免空气进入形成气泡，影响读数。

5）读数

读数时，视线应该与刻度线、溶液弯月面下缘最低点处于同一水平面上，即三点一线，另外，再次提醒读数时应该估读到 0.01 mL，记录数据的小数点后应该有两位数字。

颜色太深的溶液，如碘溶液、高锰酸钾溶液，弯月面很难看清楚，而液面最高点较清楚，所以常读取液面最高点，读数时应调节眼睛的位置，使之与液面最高点前后在同一水平位置上。

酸式滴定管不得用于装碱性溶液，因为玻璃的磨口部分易被碱性溶液侵蚀，使活塞无法转动。

碱式滴定管不宜于装对橡皮管有侵蚀性的溶液，如碘液、高锰酸钾溶液和硝酸银溶液等。

【注意事项】

ⅰ. 容量仪器（滴定管、容量瓶、移液管及吸量管等）需校正后再使用，以确保测量体积的准确性。

ⅱ. 容量仪器不能在烘箱内烘烤，不能用直火加热。

ⅲ. 滴定管、容量瓶、移液管及吸量管每次用毕应及时洗净，倒挂，自然沥干。

如果不及时清洗，可能有几个后果：a. 仪器清洗不再方便，导致仪器报废；b. 污染物进入其他实验中；c. 污染其他玻璃仪器。

5. 容量仪器的洗涤

滴定管、容量瓶、移液管及吸量管均不可用毛刷或其他粗糙东西擦洗内壁，以免造成内壁划痕，容量不准或损坏，其内壁的油污最好是用浓硫酸-重铬酸钾洗液来清洗，分别介绍如下。

先用自来水将内壁冲净,沥干后再用重铬酸钾洗液洗涤。

1) 移液管的洗涤

在上口套上一段橡皮管,用洗耳球将洗液吸入管中超过刻线部分,用夹子夹住,直立浸泡一定时间(也可用洗耳球将洗液吸入管中,用手指堵住上口,平握移液管,不断转动,直到洗液浸润全部内壁),将洗液放回原瓶。

2) 容量瓶的洗涤

小容量瓶可装满洗液浸泡一定时间。容量大的容量瓶则不必装满,注入约 1/3 体积洗液,塞紧瓶塞,摇动片刻,隔一段时间再摇动几次即可洗净。

3) 滴定管的洗涤

可注入 10 mL 洗液,两手平握滴定管不断转动,直到洗液把全部管壁浸过,然后将洗液由上口或尖嘴倒回原储存瓶中。若上法不能洗净,需将洗液装满滴定管浸泡。

上述仪器用洗液浸泡后,都需要先用自来水冲洗掉洗液。此时,对着亮光检查一下油污是否已被洗净,内壁水膜是否均匀。如果发现仍有水珠,则应再用洗液浸泡再检查,直到彻底洗净为止。

最后用蒸馏水洗去自来水。用蒸馏水冲洗仪器的原则是:"少量多次"。

对于移液管和滴定管,最后还要用待盛入的溶液洗涤 2～3 次(容量瓶是否要用待盛放的溶液洗涤?)。

五、化学试剂及其取用方法

1. 化学试剂的级别

化学实验室常用的一般试剂可分为四个等级,它们的中文名称、英文代号和标签颜色如表 2-2-1 所示。

表 2-2-1 我国化学试剂等级标签

级别	中文名称	英文代号	标签颜色	主要用途
一级	优级纯(保证试剂)	G. R.	绿色	适用于作基准物质,多用于精密分析实验
二级	分析纯(分析试剂)	A. R.	红色	适用于多数分析实验
三级	化学纯	C. P.	蓝色	适用于一般化学实验
四级	实验试剂	L. R.	棕色或其他颜色	适用于一般化学实验辅助试剂

除上述一般试剂外,还有一些特殊要求的试剂,如指示剂、生化试剂和超纯试剂(如电子纯、光谱纯)等。这些都在标签上注明。

无机基础实验中大量使用的是四级品和少量三级品,有些试剂还可使用工业品。因为不同规格的差价很大,必须注意节约,防止越级使用造成浪费,只要能达到应有的实验效果,选用试剂的级别应就低而不就高。

2. 化学试剂的取用方法

1) 固体试剂的取用

固体试剂一般用药匙取用。药匙的两端为大、小两个匙,分别用于取用大量固体和少量固体。

试剂一旦取出,就不能再倒回瓶内,可将多余的试剂放入指定容器。

2）液体试剂的取用

液体试剂一般用量筒量取或用滴管吸取。下面分别介绍它们的操作方法。

（1）量筒量取。

量筒有 5 mL、10 mL、50 mL、100 mL 和 1 000 mL 等规格。取液时，先取下瓶塞并将它倒放在桌上。一手拿量筒，一手拿试剂瓶（注意使瓶上的标签朝上），然后倒出所需量的试剂。最后斜瓶口在量筒上靠一下，再使试剂瓶竖直，以免留在瓶口的液滴流到瓶的外壁。

（2）滴管吸取。

滴瓶上的滴管与滴瓶配套使用，滴管只能专用，用完后放回原处。从滴瓶中取液体试剂时，必须注意保持滴管竖直，避免倾斜，尤忌倒立。滴加试剂时，先用手指紧捏滴管上部的橡皮胶头，赶走其中的空气，然后松开手指，吸入试液。将试液滴入试管等容器时，不得将滴管插入容器，应在容器口上方将试剂滴入；也不得把滴管放在原滴瓶以外的任何地方，以免被杂质沾污。一般的滴管一次可取 1 mL，约 20 滴试液。

如果需要更准确地量取液体试剂，可用前面介绍的仪器——滴定管和移液管等。

六、固体与液体的分离方法

固体与液体的分离方法有三种：倾析法、离心分离法和过滤法。采用哪种分离方法，应根据沉淀的性质来选择。

1. 倾析法

当沉淀的相对密度较大或晶体的颗粒较大，静置后容易沉降至容器底部时，可用倾析法进行分离和洗涤。如图 2-2-25 所示，把沉淀上层清液倒去，如果需要洗涤，可加入少量洗涤液（如蒸馏水），充分搅拌后沉降倒去洗涤液。如此反复操作 3 次以上，即可洗净固体物质。

2. 离心分离法

离心分离法是借助于离心力，使相对密度不同的物质进行分离的方法。由于离心机可产生相当高的角速度，使离心力远大于重力，于是溶液中的悬浮物便易于沉淀析出，达到分离的目的（图 2-2-26）。

图 2-2-25　倾析法分离

图 2-2-26　离心机分离

溶液和沉淀量都很少时，可采用离心分离。离心分离方法简单、方便，测定元素性质等试管实验中经常采用这种方法把沉淀和溶液分离。

将盛有沉淀和溶液的离心试管或小试管放入离心机的套管内（注意装入离心机内的试管对于离心机轴必须是对称的，以保持平衡，不仅几个试管要放在对称的位置，而且试管重量也要尽量相等，如果只有一支试管内的物质要分离，必须在对称位置再放一支装等量水的试管，若有三支试管，则应在离心机内互成 120°放置）。盖好盖子，缓慢启动离心机，然后逐渐加速。1～2 min 后，将离心机转速逐渐调小最后完全停止，取出离心试管。在任何情况下，都不能用手强制使其停止，否则容易发生危险。

离心分离后，沉淀聚集在试管底部，上层为清液，可根据实验具体情况选择收集沉淀或清液。如需取上层清液，可用胶头滴管吸取，使用胶头滴管时手指捏紧滴管的橡皮头，将已排除空气的滴管尖端插入液面以下，但不接触沉淀，然后缓慢放松橡皮头，尽量吸出上层清液；如需收集沉淀，可直接倒去或吸出上层清液。若沉淀需要洗涤，可加入少量的水，搅拌，再离心分离，重复操作几次，直至符合要求。

【注意事项】

ⅰ. 离心时必须严格平衡，偏差 <0.1 g。必须慢启动，然后加速。不准用手刹车。

ⅱ. 离心时不准打开机盖，不准趴扶在离心机上，当有异常声音和振动时立即停机。

ⅲ. 选择合适的转速，绝不可超速使用。

3. 过滤法

过滤是最常用的固液分离方法之一。过滤是利用滤纸将溶液和沉淀分开。过滤后的溶液称为滤液。常用的过滤方法有常压过滤、减压过滤和热过滤三种。

1) 常压过滤

常压过滤：用内衬滤纸的锥形玻璃漏斗过滤，滤液靠自身的重力透过滤纸流下，实现分离。

操作时应根据漏斗角度大小(与 60°角相比)，采用四折法折叠滤纸，如图 2-2-27 所示。先将滤纸对折，然后再对折(注意第二次对折时不要折死)。打开形成圆锥体后，放入漏斗中，试其与漏斗壁是否密合。如果滤纸与漏斗不十分密合，可稍稍改变滤纸折叠的角度，直到与漏斗密合为止。用手轻按滤纸，把第二次对折处折死。为了使漏斗与滤纸之间贴紧而无气泡，撕去滤纸三层外面两层的一角，要横撕不要竖撕，最外层多撕一点，第二层少撕一点，这样便形成阶梯状，便于滤纸贴紧漏斗壁。

用食指把折叠好的滤纸按在漏斗的内壁上，用蒸馏水润湿滤纸，轻压滤纸赶尽滤纸与漏斗壁之间的气泡。加水至滤纸边缘，使漏斗颈中充满水，形成水柱，以便过滤时该水柱重力可起到吸滤作用，加快过滤速度。

过滤时，漏斗要放在漏斗架上，漏斗颈与接收容器紧靠，用玻璃棒贴近三层滤纸一边引流，先转移溶液，后转移沉淀，如图 2-2-28 所示。

操作时用倾析法过滤，先把清液倒入漏斗中，让沉淀尽可能地留在烧杯内。这种过滤方法

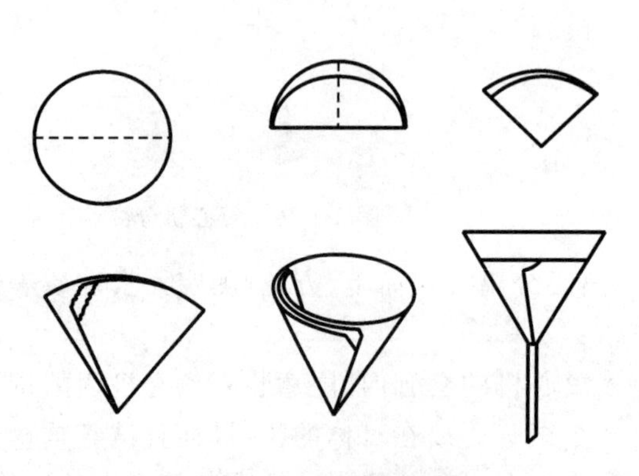

图 2-2-27　滤纸的折叠

图 2-2-28　常压过滤

可以避免沉淀堵塞滤纸小孔,使过滤较快地进行。倾入溶液时,应让溶液沿着玻璃棒流入漏斗中,玻璃棒应直立,下端对着三层滤纸一边,并尽可能接近滤纸,但不要与滤纸接触,每次量不能超过滤纸高度的 2/3。

如果需要洗涤沉淀,可用倾析法洗涤沉淀 3～4 次。再把沉淀转移到滤纸上。通过检查滤液中的杂质含量,可以判断沉淀是否已经洗净。

【注意事项】

ⅰ. 常压过滤操作可总结为“一贴”“二低”和“三靠”。“一贴”:滤纸紧贴漏斗内壁。“二低”:滤纸的边缘低于漏斗口约 5 mm,漏斗内液面略低于滤纸边缘。“三靠”:漏斗颈口紧靠盛滤液的烧杯内壁,玻璃棒靠在三层滤纸处,盛待过滤液的烧杯靠在玻璃棒上倾倒液体。

ⅱ. 洗涤沉淀所用洗涤液要少量多次,洗涤液体积过大会造成溶解误差。

2) 减压过滤

减压过滤(吸滤或抽滤):用安装在吸滤瓶上铺有滤纸的布氏漏斗或玻璃砂芯漏斗过滤,吸滤瓶支管与减压装置连接,过滤在减低的压力下进行,滤液在内外压差作用下透过滤纸或砂芯流下,实现分离。

过滤前先剪好滤纸,使其略小于布式漏斗内径,但要把所有的孔都覆盖住。

减压过滤操作:按图 2-2-29 减压过滤装置安装仪器,检查布氏漏斗与吸滤瓶之间连接是否紧密,真空泵(图 2-2-30)连接口是否漏气,布氏漏斗的颈口斜面与吸滤瓶的侧口是否相对(防止滤液沿漏斗颈被吸入支管);把剪好的滤纸放入布氏漏斗内,用少量水润湿,打开真空泵,使滤纸贴紧布氏漏斗。溶液的转移与常压过滤相同。过滤后先拔下吸滤瓶的胶管,再关上真空泵开关,否则水将倒灌。

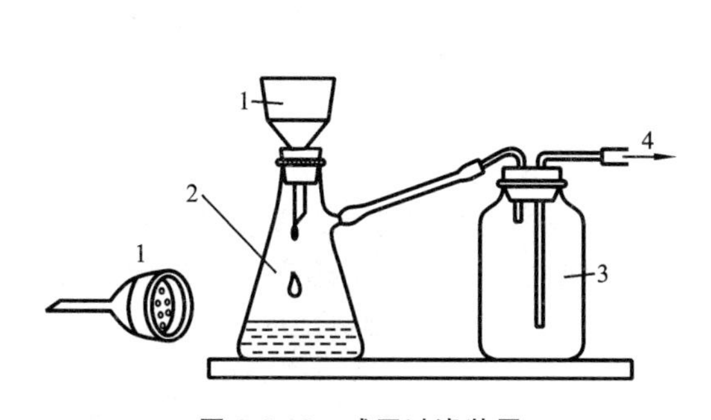

图 2-2-29　减压过滤装置

1—布氏漏斗;2—吸滤瓶;
3—缓冲瓶;4—接真空泵

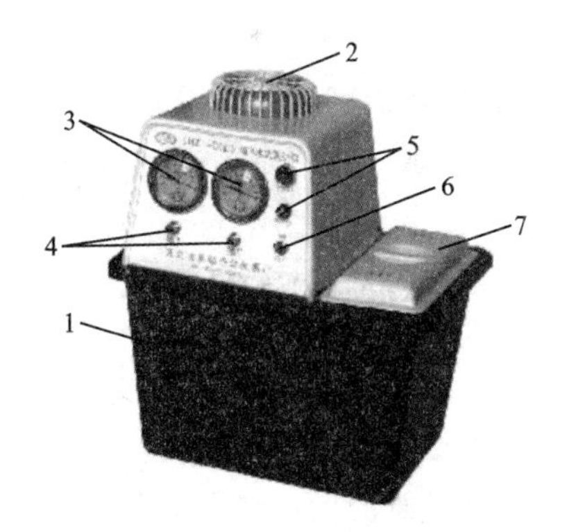

图 2-2-30　循环水真空泵

1—水箱;2—电机;3—压力表;4—吸滤口;
5—指示灯;6—开关;7—水箱盖

产品收集,取下布氏漏斗,用玻璃棒撬起滤纸边,取下滤纸和沉淀。瓶内的滤液从瓶上口倒出,而不能从侧口倒出,以免使滤液污染。

3) 热过滤

如果溶液中的溶质在冷却后易结晶析出,而实验要求溶质在过滤时保留在溶液中,要采用热过滤的方法。

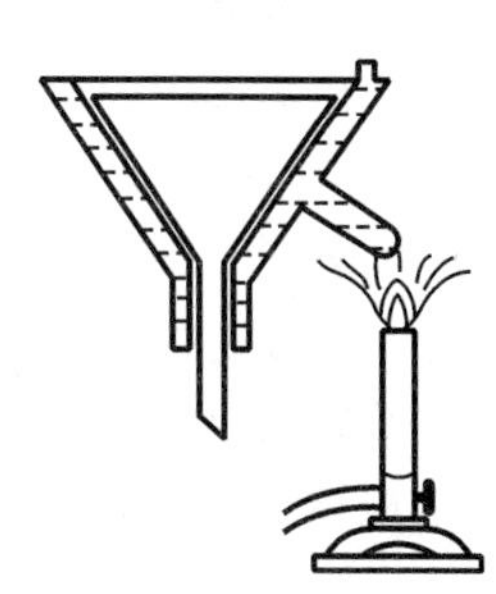

图 2-2-31　热过滤装置

若过滤能在短时间内很快完成,过滤过程中溶液温度变化不大,则采用趁热过滤而不需使用热过滤装置。若过滤需时间较长,过滤过程中溶液温度变化较大,则要使用热过滤装置(图 2-2-31)。过滤时把玻璃漏斗放在铜质的热漏斗内，热漏斗内装有热水保持溶液的温度。

七、结晶和重结晶

1. 结晶

结晶是物质从液态（溶液或熔融状态）或气态形成晶体的过程。溶质从溶液中析出的过程，可分为晶核生成（成核）和晶体生长两个阶段，两个阶段的推动力都是溶液的过饱和度（溶液中溶质的浓度超过其饱和溶解度之值）。

溶液经蒸发、浓缩成浓溶液后，冷却则析出晶体，冷却速度慢有利于长成大晶体。蒸发浓缩根据需要一般采用水浴加热或直接在石棉网上加热的方法，若溶质易被氧化或水解，最好采用水浴加热的方法。

2. 重结晶

重结晶是将晶体溶于溶剂或熔融以后，又重新从溶液或熔体中结晶的过程，又称再结晶。重结晶可以使不纯净的物质获得纯化，或使混合在一起的盐类彼此分离。重结晶的效果与溶剂选择有很大关系，最好选择对主要化合物是可溶的，对杂质是微溶或不溶的溶剂，滤去杂质后，将溶液浓缩、冷却，即得纯化的物质。混合在一起的两种盐类，如果它们在一种溶剂中的溶解度随温度的变化差别很大，例如硝酸钾和氯化钠的混合物，硝酸钾的溶解度随温度上升而急剧增加，而温度升高对氯化钠溶解度影响很小，则可在较高温度下将混合物溶液蒸发、浓缩，首先析出的是氯化钠晶体，除去氯化钠以后的母液在浓缩和冷却后，可得纯硝酸钾。重结晶往往需要进行多次，才能获得较好的纯化效果。

如果晶体中含有其他杂质，可用重结晶的方法除去。先将晶体加入一定量的水中，加热至完全溶解为饱和溶液，过滤除去不溶性杂质；滤液冷却后析出被提纯物的晶体，再次过滤，得到较纯的晶体，而可溶性杂质大部分在滤液中。根据被提纯物质的纯度要求，可进行多次重结晶操作。

八、试纸的使用方法

试纸能用来定性检验某些溶液的酸碱性，判断某些物质是否存在。常用的试纸有 pH 试纸（广范和精密 pH 试纸）、石蕊（红色、蓝色）试纸、醋酸铅试纸、淀粉碘化钾试纸和品红试纸等。有些试纸可以自己制得，即把滤纸用某些溶液浸泡后，晾干就制得试纸。

各种试纸的用途如下。

1）pH 试纸

pH 试纸用来粗略测量溶液 pH 值大小（或酸碱性强弱）。pH 试纸遇到酸碱性强弱不同的溶液时，显示出不同的颜色，可与标准比色卡对照确定溶液的 pH 值。

2）石蕊（红色、蓝色）试纸

石蕊试纸可以定性地判断气体或溶液的酸碱性。红色石蕊试纸遇到碱性溶液或碱性气体时变蓝，蓝色石蕊试纸遇到酸性溶液或酸性气体时变红。

3）醋酸铅试纸（可自制）

醋酸铅试纸可以定性地检验硫化氢或含硫离子的溶液。醋酸铅试纸遇到硫化氢或硫离子时，生成黑色的硫化铅，使试纸变黑。

4）淀粉碘化钾试纸（可自制）

淀粉碘化钾试纸可以定性地检验氧化性物质的存在，如氯气、溴蒸气（和它们的溶液）、

NO_2等。当淀粉碘化钾试纸中的碘离子遇到氧化性物质时被氧化为碘，碘遇淀粉时显示蓝色。

5）品红试纸（可自制）

品红试纸用来定性地检验某些具有漂白性物质的存在。遇到SO_2等有漂白性的物质时会褪色，试纸变白。

使用试纸的方法如下。

① 用试纸检验气体的性质时，一般先把试纸用蒸馏水润湿，黏在玻璃棒一端，用玻璃棒把试纸放到盛待测气体的容器口附近（不得接触溶液），观察试纸是否改变颜色，判断气体性质。

② 用试纸检验溶液的性质时，一般把一小块试纸放在表面皿或玻璃片上，用蘸有待测溶液的玻璃棒点滴在试纸的中部，观察是否改变颜色，判断溶液性质。尤其在使用pH试纸时，玻璃棒不仅要洁净，而且不得有蒸馏水，因为蒸馏水会稀释被检验的溶液，从而导致测量不准确。用洁净、干燥的玻璃棒蘸取待检验溶液滴在试纸上，马上和标准比色卡比较。

③ 取出试纸后，应将盛放试纸的容器盖严，以免被实验室中的气体污染。

九、常用仪器及其使用方法

1. 称量仪器及其使用方法

称量仪器如图2-2-32所示。

(a) 台秤

(b) 电子天平

图2-2-32　称量仪器

1）台秤

台秤用于精度不高的称量，一般只能称准到0.1 g。称量前，首先调节台秤下面的螺旋，让指针在刻度板中心附近等距离摆动，此为调零点。称量时，左盘放称量物，右盘放砝码（10 g或5 g以下是通过移动游码添加的），增减砝码，使指针也在刻度板中心附近等距离摆动。砝码的总质量就是称量物的质量。

2）电子天平（HZK-210型电子天平）

电子天平是根据电磁力平衡原理，利用现代控制技术设计的称量工具。电子天平可直接称量，全量程不需砝码。放上称量物后，在几秒钟内即达到平衡，显示读数，称量速度快，精度高。电子天平具有使用寿命长、性能稳定、操作简便和灵敏度高的特点。此外，电子天平还具有自动校正、自动去皮、超载指示、故障报警等功能。

电子天平根据称量范围和读数精度等可分为不同的型号，用于不同的实验要求。

电子天平的使用方法如下。

① 水平调节：观察水平仪，如水平仪水泡偏移，需调整水平调节脚，使水泡位于水平仪中心。

② 预热：接通电源，预热至规定时间后，开启显示器进行操作。

③ 开启显示器:轻按"ON/OFF"键,显示器全亮,约 5 s 后,显示"o",待"o"标志消失后进入称量模式 0.000 0 g。读数时应关上电子天平门。

④ 校准:电子天平安装后,第一次使用前,应对电子天平进行校准。因存放时间较长、位置移动、环境变化或未获得精确测量,电子天平在使用前一般都应进行校准操作。由"TARE"键清零及"CAL"键、100 g 校准砝码完成。

⑤ 称量:按"TARE"键,显示为零后,置称量物于称量盘上,待数字稳定即显示器左下角的"o"标志消失后,即可读出称量物的质量值。

⑥ 去皮称量:按"TARE"键清零,置容器于称量盘上,电子天平显示容器质量,再按"TARE"键,显示零,即去除皮重。再置称量物于容器中,或将称量物(粉末状物或液体)逐步加入容器中直至达到所需质量,待显示器左下角"o"消失,这时显示的是称量物的净质量。将称量盘上的所有物品拿开后,电子天平显示负值,按"TARE"键,电子天平显示"0.000 0 g"。若称量过程中称量盘上的总质量超过最大载荷(HZK-210 型电子天平为 210 g)时,电子天平显示"H",此时应立即减小载荷。

⑦ 关机:称量结束后,若较短时间内仍需使用电子天平(或其他人还使用电子天平),一般不用关闭,再用时可省去预热时间。实验全部结束后,按"ON/OFF"键关闭显示器,切断电源。

【注意事项】

ⅰ. 检查电子天平是否保持水平。

ⅱ. 按"ON/OFF"键开机,显示全部字符后接着显示"0.000 0 g",空容器或称量纸置于称量盘上,按"TARE"键去皮回零。

ⅲ. 不能在称量盘上直接称试剂,依情况将其放在纸上、表面皿中或容器内;不能称量热的物体。

ⅳ. 称量物切不可超出量程,更不可人为按压承重盘,以免损坏电子天平。

ⅴ. 实验全部结束后,必须按"ON/OFF"键将电子天平关闭,切断电源,将电子天平内和台面清扫干净。

3) 称量方法

常用的称量方法有直接称量法、固定质量称量法和递减称量法。

(1) 直接称量法。

此法是将称量物直接放在称量盘上直接称量物体的质量。例如,称量小烧杯的质量,容量器皿校正中称量某容量瓶的质量,重量分析实验中称量某坩埚的质量等,都使用这种称量方法。

(2) 固定质量称量法(又称增量法)。

此法用于称量某一固定质量的试剂(如基准物质)或试样。这种称量操作的速度很慢,适合于称量不易吸潮、在空气中能稳定存在的粉末状或小颗粒(最小颗粒应小于 0.1 mg,以便调节其质量)物质。

固定质量称量法如图 2-2-33(a)所示。将容器(容器可以是表面皿、小烧杯、硫酸纸等)放在电子天平的称量盘上直接去皮重,用药匙盛试样,在容器上方轻轻振动,使试样徐徐落入容器,调整试样的量达到指定质量。注意:若不慎加入试剂超过指定质量,可用药匙取出多余试剂。重复上述操作,直至试剂质量符合指定要求为止。严格要求时,取出的多余试剂应放在指定的容器内,不要放回原试剂瓶中。操作时,不能将试剂散落于称量盘等容器以外的地方,称好的试剂必须定量地由表面皿等容器直接转入接收容器,此即所谓"定量转移"。(表面皿等可

洗涤数次，称量纸上必须不黏附试样，可复核电子天平零点）

（3）递减称量法（又称减量法或差减法）。

此法用于称量一定质量范围的试样（固体粉末状物质）。在称量过程中试样易吸水、易氧化或易与 CO_2 等反应时，可选择此法。由于称取试样的质量是由两次称量之差求得，故也称差减法或减量法。

称量步骤如下：用纸带（或纸片）夹住称量瓶（注意：不要让手指直接触及称量瓶和瓶盖），用纸片夹住称量瓶盖柄，打开瓶盖，用药匙加入适量试样（一般为称一份试样量的整数倍），盖上瓶盖，称出称量瓶加试样后的准确质量 m_1。将称量瓶从电子天平上取出，在接收容器的上方倾斜瓶身，用称量瓶盖轻敲瓶口上缘使试样慢慢落入容器中，如图 2-2-33(b)所示。估计试样已接近所需量的质量时，一边继续用瓶盖轻敲瓶口上缘，一边逐渐将瓶身竖直，使黏附在瓶口上的试样落下，然后盖好瓶盖（这一切都要在容器上方进行，防止试样丢失），准确称其质量 m_2。两次质量之差 m_1-m_2，即为试样的质量。按上述方法连续递减，可称取多份试样。若从称量瓶中倒出的试样太多，不能再倒回称量瓶中，要重新称量。

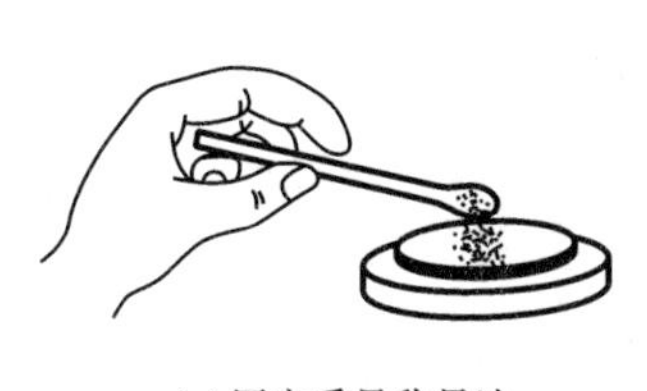

(a) 固定质量称量法

(b) 递减称量法

图 2-2-33　称量方法

2. 分光光度计及其使用方法

1）构造原理

752 型紫外-可见分光光度计是由光源室、单色器、样品室、光电管暗盒、电子系统及数字显示器等部件组成。光源除了钨灯外，还有氘灯。波长范围为 200～1 000 nm。单色器中的色散元件是衍射光栅。其外部面板如图 2-2-34 所示。752 型紫外-可见分光光度计能在紫外和可见光谱区域内对物质作定性和定量分析。

图 2-2-34　752 型紫外-可见分光光度计

2）使用方法

① 预热仪器：打开电源，预热 15 min。

② 选定波长：根据实验要求，调节波长设置旋钮，选择所需要的单色波长。

③ 调节透光率为 100%：按“MODE”键切换到“T（透光率）”状态，将盛参比溶液（如蒸馏水、空白溶液或纯溶剂）的比色皿放入比色皿架中（波长在 360 nm 以上时，可以用玻璃比色皿；波长在 360 nm 以下时，需用石英比色皿），把样品室盖子轻轻盖上，使光路通过参比溶液的比色皿，按“100%T”键，使数字显示正好为“100.0%(T)”。

④ 吸光度的测定：仪器显示“100.0%(T)”后，按“MODE”键切换到“A（吸光度）”状态，屏幕显示为“.000”。将盛有待测溶液的比色皿放入比色皿架中的其他格内，盖上样品室盖，轻轻拉动拉杆，使待测溶液进入光路，此时数字显示值即为该待测溶液的吸光度值。读数后，打开

样品室盖,切断光路。

⑤ 关机:实验完毕,切断电源,将比色皿取出洗净,并将比色皿架用软纸擦净。

【注意事项】

ⅰ. 为了防止光电管疲劳,预热和不测定时应将样品室盖打开或使用挡光杆,将光路切断,以延长光电管的使用寿命。

ⅱ. 拿比色皿时,手指只能捏住比色皿的毛玻璃面,而不能碰比色皿的光学表面。

ⅲ. 务必防止液体洒入分光光度计,若不慎洒入,应及时擦干净,干燥剂应定期更换或烘烤。

ⅳ. 比色皿使用完毕后,应立即用蒸馏水冲洗干净,不能用碱溶液或氧化性强的洗涤液洗涤,也不能用毛刷清洗。比色皿外壁附着的水或溶液应用干净柔软的擦镜纸或细而软的吸水纸吸干,不要擦拭,以免损伤它的光学表面,影响其透光率。

3. *酸度计及其使用方法*

pHS-25 型酸度计(图 2-2-35)操作规程如下。

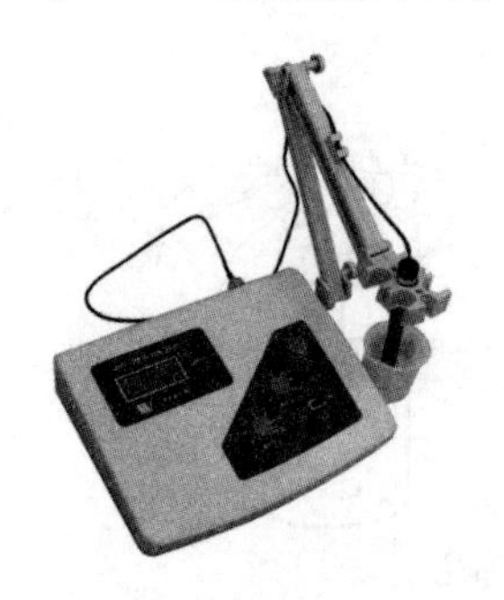

图 2-2-35　pHS-25 型酸度计

① 预热仪器:仪器插上电极,仪器选择开关置"pH"挡,开启电源,仪器预热几分钟。

② 校正仪器:斜率调节器调节在"100%"处。把电极放入 pH=6.86 的缓冲溶液中,摇动烧杯,使溶液均匀。调节温度调节器,使所指示的温度与溶液一致。待读数稳定后,该读数应为该缓冲溶液的 pH 值,否则调节定位调节器。清洗电极,并吸干电极球泡表面的余水。将电极放入 pH=4.00(酸性)或者 pH=9.18(碱性)缓冲溶液中,摇动烧杯,使溶液均匀。待读数稳定后,该读数应为该缓冲溶液的 pH 值,否则,调节斜率调节器。清洗电极,并吸干电极球泡表面的余水。

③ pH 值的测量:已经标定过的仪器,即可用来测量被测溶液。当被测溶液和定位溶液温度相同时,"定位"保持不变,电极经清洗并用滤纸吸干余水后直接插在被测溶液之内,摇动烧杯使溶液均匀后读出该溶液的 pH 值。(当被测溶液和定位溶液温度不同时,"定位"保持不变,电极经清洗并用滤纸吸干余水后,用温度计测出被测溶液的温度值,调节"温度"调节器,使温度指示在该值上,将电极插入被测溶液中,读数)

④ 关机:测量结束后,将电极清洗干净,放回电极架上,并用蒸馏水浸泡。

【注意事项】

ⅰ. 仪器在插入电极之前,输入端必须插入 Q9 短路杆,使输入端短路以保护仪器。

ⅱ. 测量时,电极的引入导线必须保持静止,否则将会引起测量不稳定。

ⅲ. 用缓冲溶液标定仪器时,要保证缓冲溶液的可靠性,如果缓冲溶液不准确,将导致测量结果的误差。标准缓冲溶液必须准确配制。

ⅳ. 玻璃电极不要与强吸水溶剂接触太久,在强碱溶液中使用时应尽快操作,用毕立即用水洗净,玻璃电极球泡膜很薄,不能与玻璃杯及硬物相碰。

ⅴ. 取下电极帽后应注意,敏感玻璃泡不能与硬物接触,防止损坏电极。测量完毕,不用时应将电极保护帽套上,帽内应放入少量补充液,以保持电极球泡的润湿。

ⅵ. 复合电极长期不用时,可充分浸泡在 3 $mol \cdot L^{-1}$ 氯化钾溶液中。切忌用洗涤液或其他吸水性试剂浸洗。

2.3　实验数据的记录、处理和实验报告的书写

一、误差及有效数字

1. 误差和偏差

误差(E)是指测定值(x)与真实值(x_T)之差。

绝对误差　$$E = x - x_T$$

相对误差　$$E_r = \frac{E}{x_T} \times 100\% = \frac{x - x_T}{x_T} \times 100\%$$

误差均有大小、正负(偏高、偏低)之分。

一般用相对误差来衡量测定值与真实值之间的偏离程度。

对于不知道真实值 x_T的场合,可用一组平行测定的平均值 $\overline{x}$ 代替,则对应有偏差、绝对偏差和相对偏差。

偏差(d)是指测定值(x)与测定值的平均值($\overline{x}$)之差。

$$d = x - \overline{x}$$

平均值　$$\overline{x} = \frac{1}{n}\sum_{i=1}^{n} x_i \quad (n \text{ 为平行测定值的个数})$$

平均偏差　$$\overline{d} = \frac{1}{n}\sum_{i=1}^{n} \mid d_i \mid = \frac{1}{n}\sum_{i=1}^{n} \mid x_i - \overline{x} \mid$$

相对平均偏差　$$\overline{d_r} = \frac{\overline{d}}{\overline{x}} \times 100\%$$

2. 有效数字

1）有效数字的概念

有效数字是能够实际测量到的数据,用来表示量的多少,同时反映测量的准确程度。

2）确定有效数字的原则

① 最后结果只保留一位不确定的数字。

② 0～9 都是有效数字,但数据中“0”所起的作用是不同的。例如:

0.005 3(2 位),0.530 0(4 位),0.050 3(3 位),0.503 0(4 位),56.00(4 位)

可见,数字前面作为定小数点位置的所有的“0”都不是有效数字,而数字中间的“0”和末尾的“0”都是有效数字。以“0”结尾的正整数,有效数字的位数不确定。例如 4 500 这个数,就不能确定是几位有效数字,可能为 2 位或 3 位,也可能是 4 位。遇到这种情况,应根据实际有效数字书写成:

4.5×10^3(2 位),4.50×10^3(3 位),4.500×10^3(4 位)

③ 首位数字是 9 时,可按多一位处理。

如:9.00、9.86 等通常当作 4 位有效数字处理。

④ 不能因改变单位而改变有效数字的位数。

如:2.3 L=2.3×10^3 mL,20.3 L=2.03×10^4 mL,1.0 mL=0.001 0 L

⑤ 常数、系数等自然数的有效数字位数可认为没有限制。

如:π、e

⑥ 对数的有效数字位数由尾数决定。

如：pH=7.68(2位)，$[H^+]=2.1\times10^{-8}$(2位)；pM=5.00(2位)，$[M]=1.0\times10^{-5}$(2位)

3) 常用仪器的有效数字

常用仪器的有效数字如表2-3-1所示。

表2-3-1　常用仪器的有效数字

仪　器	台　秤	分析天平	量　筒	移液管(吸量管)
仪器精度	0.1 g	0.000 1 g	0.1 mL	0.01 mL
示例	5.6 g	1.401 2 g	12.5 mL	25.00 mL
有效数字	2位	5位	3位	4位

4) 有效数字的使用规则

(1)加减法。

加减所得的结果的小数点后面位数，应与各加减数中小数点后面位数最少者相同。

如：28.3+0.17+6.39=28.3+0.2+6.4=34.9

(2) 乘除法。

乘除所得的结果的有效数字位数，应与各数中最少的有效数字位数相同，而与各数的小数点无关。

如：0.012 1×25.64×1.057 82=0.012 1×25.6×1.06=0.328

遇到第一个数字为8或9的数，如9.00，8.92等，它们与10.00相当接近，所以通常把这类数当成4位有效数字处理。如9.81×16.24可把9.81看成4位有效数字而把结果写成159.3。

二、作图法简介

利用图形表达实验结果更直观，能直接显示出数据的特点，如极大值、极小值、转折点等，还可利用图形求面积、作切线、进行内插和外推等。常用的有以下几种方法。

1) 求经验方程

例如依据反应速率常数k与活化能E_a的关系式(阿仑尼乌斯公式)测不同温度T下的k值，以$\lg k$对$1/T$作图，则可得一条直线，由直线的斜率和截距可分别求出活化能E_a和指前因子A的数值，最终求出阿仑尼乌斯公式。

2) 求转折点和极值

例如在配合物分裂能的测定中，在画图时应注意以下几点。

(1) 选取合适的坐标轴和比例。

在坐标纸上画两条互相垂直的直线，习惯上以自变量为横坐标，因变量为纵坐标，在坐标轴中间位置标明变量名称和单位，图的底部写上清楚完备的图标(图的名称)。坐标轴的读数一般可以从略小于最小测定值的整数开始，坐标原点不一定从0开始，可视具体情况而定。

制图时选择坐标标度是极为重要的，因为标度的改变，将会引起曲线外形的变化。特别对于曲线的一些特殊性质，如极大值、极小值、转折点等，标度选择不当会使图形特点显示不清楚。坐标标度应取容易读数的分度，即每单位坐标格代表1、2、5的倍数，而不用3、6、7、9的倍数。数字标在逢5或逢10的粗线上。

坐标标度应能表示出全部有效数字，图的大小分布应能使数据的点尽量分散开，充分利用图纸的全部面积，使全图布局匀称合理。

(2) 画坐标轴。

选定标度后，画上坐标轴，注明该轴所代表变量的名称及单位。横轴读数自左至右，纵轴自下而上。

(3) 画代表点。

将测得数值的各点绘于图上，实验点用铅笔以·、×、□、○、△、■、●、▲等符号标出。若测量的精确度很高，这些符号应画得小些，反之就大些。当在一张图纸上有数组不同的测量值时，各组测量值代表点应用不同符号表示，以示区别。

(4) 画出曲线。

借助于曲线板或直尺把各点连成线，曲线应光滑均匀，细而清晰，不必强求通过所有实验点，实验点应该均匀地分布在曲线的两边，在数量上应近似相等。代表点与曲线间的距离表示测量的误差，曲线与代表点间的距离应尽可能小，如图 2-3-1 所示。

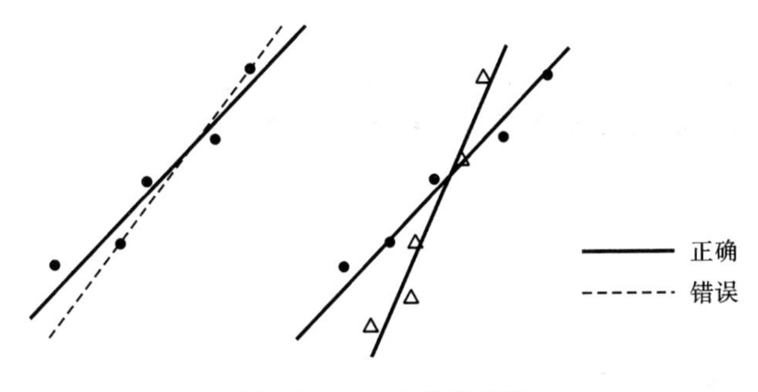

图 2-3-1　点和线的描绘

三、实验报告的书写

1. 实验报告的书写要求

书写实验报告应注意以下几点。

① 撰写实验报告时，要求实事求是地根据原始数据和现象记录，严肃认真地书写实验报告，严禁抄袭和伪造数据。

② 实验报告要求做到字迹端正、整洁，绘图规范，曲线要画在坐标纸上(通常画在第一象限)，表格、合成路线图要整齐、清楚(不得徒手画)，表述要严谨、规范，解释要科学、合理，结论要简要、准确。

③ 实验现象的解释、数据处理、结论与讨论是整个实验报告中的重点，要尽可能用理论知识进行解释和讨论，实验数据的处理既要有表格，又要有运算过程(强调：写出计算公式后代数求值)，要注意有效数字的运算规则。有关结论应尽可能地与参考文献的结论进行比较，对异常现象或疑难问题进行分析，探究产生的原因，提出自己的见解。

2. 实验报告的书写格式

不同类型的实验，可采取不同的报告格式，内容的繁简、取舍应根据各个实验的具体情况而定。如原理及测定实验、元素及化合物性质实验、制备实验、综合与设计性实验报告的格式如下。

1）原理及测定实验

实验名称

一、实验目的

二、实验原理

包括离子反应方程式、实验方法、数据处理方法等。

三、实验步骤

可用符号、化学式表示试剂名称、浓度、用量、反应条件等。

四、数据记录和结果处理

最好用表格记录有关数据，表格下方给出计算过程，注意正确地保留有效数字。

五、思考题

2）元素及化合物性质实验

实验名称

一、实验目的

二、实验步骤

最好用表格形式表述实验内容、实验现象、离子反应式、结论和讨论。

可用符号、化学式表示试剂名称、浓度、用量、反应条件等。

三、思考题

3）制备实验

实验名称

一、实验目的

二、实验原理

最好用化学式、化学反应式等简述之。

三、实验流程及主要现象

可以用框图或箭头等符号表示各步骤所加试剂浓度、用量、控制条件和出现的现象。

四、实验结果

产品质量(外观、纯度)、产率(计算过程)等。

五、思考题

4）综合与设计性实验

实验名称

一、实验目的

二、实验方案设计

查阅相关资料设计方案思路，最好用化学式、化学反应式、相关公式等简述之。

三、实验用品

四、实验步骤

根据设计方案写出实验步骤(或实验流程图)，可用符号、化学式表示试剂名称、浓度、用量、反应条件等。

五、问题分析和讨论

六、参考文献

各种实验报告的示例如下所示。

实验报告示例一

实验 1　醋酸解离常数的测定

一、实验目的

略

二、实验原理

在水溶液中，HAc 的解离平衡为

$$\mathrm{HAc} \rightleftharpoons \mathrm{H^+} + \mathrm{Ac^-} \qquad K_a^\ominus = \frac{[\mathrm{H^+}][\mathrm{Ac^-}]}{[\mathrm{HAc}]}$$

pH 值法：在水溶液中$[\mathrm{H^+}]=[\mathrm{Ac^-}]$，$[\mathrm{HAc}]=c-[\mathrm{H^+}]$，当解离度 $\alpha<5\%$时，$[\mathrm{HAc}]\approx c$，则

$$K_a^\ominus = \frac{[\mathrm{H^+}]^2}{c}$$

用酸度计测出已知浓度的 HAc 溶液的 pH 值，即可求出 $K_a^\ominus$ 和 α。

三、实验步骤

pH 值法测定 HAc 溶液的 pH 值

1. 配制不同浓度的 HAc 溶液

准确移取 25 mL、5 mL、2.5 mL 已知浓度的 HAc 溶液，分别放入 50 mL 容量瓶中定容，摇匀，计算浓度。

2. 测定 HAc 溶液的 pH 值

略

四、数据记录和结果处理

pH 值法测定 HAc 溶液的数据记录与结果

溶液编号	$c/(\mathrm{mol\cdot L^{-1}})$	pH 值	$[\mathrm{H^+}]/(\mathrm{mol\cdot L^{-1}})$	$\alpha/(\%)$	$K_a^\ominus$	$\overline{K_a^\ominus}$
1						
2						
3						
4						

计算过程

因　　$\mathrm{pH_1}=$　　　　，$[\mathrm{H^+}]_1=$

故　　$K_{a1}^\ominus=\frac{[\mathrm{H^+}]_1^2}{c_1}=$　　　　，$\alpha_1=\frac{[\mathrm{H^+}]}{c_1}\times 100\%=$　　%

同理可求 c_2、c_3、c_4 对应的 $K_a^\ominus$ 和 α 值，详见上表。

略

相对误差计算与分析：略

五、思考题

略

实验报告示例二

实验 2　配位化合物的生成和性质

一、实验目的

略

二、实验步骤

1. 配离子和简单离子性质的比较

配离子和简单离子性质比较实验现象及原理

实验内容	实验现象	离子反应方程式及解释
(1) Hg^{2+} 与 $[HgI_4]^{2-}$		
$Hg(NO_3)_2 + NaOH$	有黄色沉淀生成	$Hg^{2+} + 2OH^- = HgO + H_2O$
$Hg(NO_3)_2$ + 少量 KI	有红色沉淀生成	$Hg^{2+} + 2I^- = HgI_2$
+ KI(过量)	沉淀溶解	$HgI_2 + 2I^- = [HgI_4]^{2-}$
+ NaOH	无沉淀生成	$[HgI_4]^{2-}$ 与 OH^- 不反应
(2) Fe^{2+} 与 $[Fe(CN)_6]^{4-}$		
$FeSO_4 + NaOH$	有蓝绿-灰蓝色沉淀生成	$Fe^{2+} + 2OH^- = Fe(OH)_2$
$K_4[Fe(CN)_6] + NaOH$	无沉淀生成	$[Fe(CN)_6]^{4-}$ 与 OH^- 不反应
(3) 复盐 $(NH_4)_2SO_4 \cdot FeSO_4 \cdot 6H_2O$		
莫尔盐(s) + H_2O + NaOH	有白色沉淀生成	$Fe^{2+} + 2OH^- = Fe(OH)_2$
气室法,pH 试纸	碱性	$NH_4^+ + OH^- = NH_3 + H_2O$

结论和讨论

简单离子的盐及复盐在水溶液中全部解离,显示出简单离子的性质,而配离子较稳定,在水溶液中部分解离。

2. 配合平衡的移动

配合平衡移动实验现象及原理

实验内容	实验现象	离子反应方程式

略

三、思考题

略

实验报告示例三

实验 3　水合硫酸铜的制备

一、实验目的

略

二、实验原理

废铜屑与硫酸、浓硝酸反应来制备硫酸铜。反应式为

$$Cu + 2HNO_3 + H_2SO_4 = CuSO_4 + 2NO_2 \uparrow + 2H_2O$$

生成的硫酸铜溶液中含有硝酸铜等杂质。利用溶解度(每 100 g 水中溶解的质量,g)的不同可将硫酸铜提纯。

三种盐的溶解度　单位:g

物质	0 ℃	20 ℃	40 ℃	60 ℃	80 ℃
$CuSO_4 \cdot 5H_2O$	14.3	20.7	28.5	40.0	55.0
$Cu(NO_3)_2 \cdot 6H_2O$	81.8	125.1	—	—	—
$Cu(NO_3)_2 \cdot 3H_2O$	—	—	159.8	178.8	208

三、实验流程及主要现象

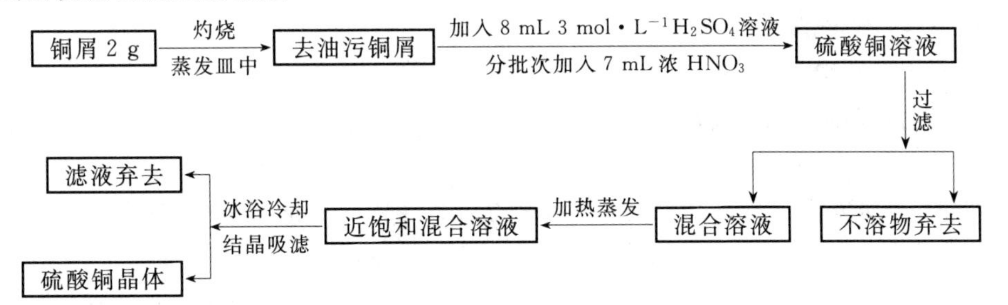

四、实验结果

产品质量(外观、纯度):略

产率(计算过程):略

组分测定:略

五、思考题

略

第三部分　无机化学基础实验

实验1　实验仪器的认知和基本操作训练

一、实验目的

(1) 对实验室常用仪器进行认知。

(2) 学习常用玻璃仪器的洗涤和干燥。

(3) 初步认识和掌握无机化学实验的基本操作方法及实验步骤。

(4) 熟悉固体物质的加热溶解、蒸发、结晶、重结晶、常压过滤、减压过滤、热过滤等基本原理及其操作。

二、实验原理

1. 仪器领取和认知

按无机化学实验室仪器清单认领无机化学常用实验仪器，并且清点，检查有无破损。

2. 玻璃仪器的洗涤和干燥

1) 玻璃仪器的洗涤

玻璃仪器洗净的标志是：仪器中的水倒出后，容器内壁能被水均匀地润湿，无水纹和不挂水珠。

① 水洗：普通玻璃仪器，可向仪器内注入约为其容积1/3的自来水，振荡，并用适宜的毛刷刷洗仪器的内壁，反复几次，至水倒出后仪器内壁不挂水珠为洗净。

② 洗涤剂或去污粉洗涤：当仪器内壁有油污时，须采用洗涤剂或去污粉洗涤。

③ 用铬酸洗液或王水洗涤：做精确定量实验时，对仪器的洁净程度要求较高，用上述方法不能达到洗净要求，或仪器形状特殊(如口小、管细)，或准确度要求较高的量器(如移液管、容量瓶和滴定管等)，不便或不宜用毛刷刷洗时，常先用铬酸洗液或王水洗涤。

④ 特殊污物的处理：处理特殊污物时，应根据污物的性质选择适当的试剂，将附在仪器内壁上的污物转化为可溶性的物质而除去。如沉积的金属(Ag、Cu等)可用热的硝酸除去；AgCl沉淀可用氨水或$Na_2S_2O_3$溶液溶解后再洗涤；$KMnO_4$污垢可用草酸溶液浸泡洗涤；容器内壁黏附着的碘迹可用KI溶液浸泡，或用温热的稀NaOH溶液处理。

不论用哪种方法洗涤，最后都要用自来水冲洗干净，必要时再用蒸馏水冲洗2～3次。用蒸馏水冲洗仪器的原则是“少量多次”。

2) 玻璃仪器的干燥

不同的实验对仪器的要求不同，有些实验需要使用干燥的仪器。洗净的仪器通常使用下列方法进行干燥。

① 晾干：要求一般、不急用的仪器，可在洗净后，倒去水分，倒置于实验柜内或挂在晾板上，让其自然干燥。

② 烘干：将洗净的仪器倒置，尽量控去其水分，然后放在 105～120 ℃的烘箱内烘干，或放在红外干燥箱内烘干。

③ 烤干：能够用于加热和耐高温的仪器，如试管、烧杯、蒸发皿等，可用烤干的方法使其干燥。加热前先将仪器的外壁擦干，烧杯、蒸发皿可放在石棉网上用小火烤干。烤干试管时，应先用试管夹夹住试管的上部，并使试管口朝下倾斜，以免水珠倒流造成试管炸裂。烤干水珠后再将试管口朝上，赶尽水汽。

④ 吹干：用电吹风或气流烘干器将洗净的玻璃仪器（先尽量甩净仪器内残留的水分）吹干。一些急于干燥的仪器还可先用少量的乙醇等易挥发的溶剂润洗后吹干。

3. 粗食盐（或粗苯甲酸）的初步分离提纯

粗食盐中含有有机物（如杂草等）、一些不溶性杂质（如炭化物、泥沙等）和可溶性杂质（如 SO_4^{2-}、Ca^{2+}、Mg^{2+}、Fe^{3+}、K^+、Br^-、I^- 等离子）。应用溶解、过滤等方法可除去杂草及不溶性杂质；利用不同物质溶解度（每 100 g 水中的质量，g）的不同（表 3-1-1），通过溶解并控制溶液的浓度，实现粗食盐的初步分离提纯。通过常压过滤、减压过滤、蒸发浓缩、结晶等基本操作可分离除去部分与 NaCl 溶解度不同的杂质，如 K^+、Br^-、I^- 等。（分离的具体操作参见本书第二部分“固体与液体的分离方法”）

表 3-1-1　20～100 ℃时，不同物质的溶解度

钠盐	NaCl	NaBr	NaI(100 ℃)
溶解度/g	30～40	102	184

三、实验用品

仪器：天平，量筒，试剂瓶，吸管，广口瓶，细口瓶，烧杯，研钵和杵，洗瓶，酒精灯（或煤气灯），三脚架，石棉网，漏斗（玻璃、塑料、搪瓷），铁架台，铁圈，铁夹，蒸发皿，表面皿，减压过滤装置，移液管，吸量管，洗耳球，容量瓶，滴定管（酸式、碱式），滴定台及蝴蝶夹，锥形瓶，碘量瓶，烧瓶（圆底、平底、磨口），水浴锅，试管，离心试管，试管夹，试管架，坩埚，坩埚钳，泥三角，点滴板（黑、白），比色管，干燥器，温度计，毛刷，热过滤漏斗。

药品：洗液，粗食盐，乙醇，粗苯甲酸，活性炭。

其他：滤纸，火柴，去污粉，洗衣粉。

四、实验步骤

1. 仪器领取和认知

按无机化学实验室仪器清单领取学生常用实验仪器设备，清点数量并检查有无破损。从无机化学常用实验仪器设备的种类、规格、用途、使用方法和注意事项等方面逐一认知相应的实验仪器设备。

2. 玻璃仪器的洗涤和干燥

按照各种实验仪器洗涤、干燥原理学习和练习无机化学实验常用玻璃仪器的洗涤、干燥和判断方法。

3. 粗食盐的分离提纯（选作）

称取碾磨成细粉的粗食盐 5 g 于 100 mL 烧杯中，加 20 mL 蒸馏水，加热搅拌使其溶解。静置澄清，将澄清的食盐溶液和不溶物进行过滤分离，不溶物用少量蒸馏水洗涤 2～3 次弃去。

将滤液倒入干燥、洁净的蒸发皿内,为防止溶液沸腾时向外飞溅,滤液不超过蒸发皿容积的2/3。在水浴上蒸发、浓缩,当浓缩到蒸发皿底部出现结晶时,立即用玻璃棒搅拌,为防止食盐晶体受热向外飞溅,当近蒸干时,用干燥、洁净的玻璃漏斗盖住蒸发皿口,停止加热,稍冷后用减压过滤法分离结晶和浓缩的母液,得到干燥的食盐晶体。称重,计算产率。

4. 粗苯甲酸的提纯(选作)

① 称取 2 g 粗苯甲酸,放在 100 mL 烧杯中,加入 40 mL 蒸馏水,加热至沸腾,搅拌使其完全溶解。稍冷,加入少许活性炭,搅拌后继续加热煮沸 5 min。

② 准备好热过滤漏斗,加热漏斗内水至沸,放入预先折叠好的滤纸,然后将上述溶液趁热过滤至一洁净的小烧杯中。在过滤过程中,每次倒入的溶液不要太多也不要太少,以免溢出或很快滤干。与此同时,应保持热过滤漏斗和未过滤溶液的温度,以防冷却析出晶体。全部过滤完毕后,用少量冷的蒸馏水洗涤滤渣,滤液静置冷却使晶体析出(必要时可用冷水冷却)。

③ 待结晶完全后,用减压过滤装置吸滤,并用少量冷的蒸馏水洗涤晶体,以除去晶体表面的母液。洗涤时,先从吸滤瓶拔去橡皮管,然后加入少量冷蒸馏水,使晶体均匀浸透,再吸滤至干。如此重复洗涤 2 次。

五、数据记录及处理

根据实验原理和实验操作流程,认真观察,并记录实验现象和数据。再根据记录数据和下列公式计算该粗食盐(或粗苯甲酸)的分离提纯产率。

$$产率=\frac{提纯的晶体质量}{试样的质量}\times 100\%$$

【注意事项】

ⅰ. 玻璃仪器的洗涤和干燥应注意以下几点。

a. 铬酸洗液或王水有强腐蚀性,使用时要小心,用后不能倒进水槽。

b. 洗净的仪器不能用布或纸擦拭,否则会使已洗净的仪器再次被污染。

c. 带有刻度的仪器(如吸量管、移液管、容量瓶、滴定管等)不能使用加热的方法干燥,以免影响仪器的精度。厚壁的瓷质仪器不能烤干,但可烘干。

ⅱ. 酒精灯的使用应注意以下几点。

a. 装酒精必须在熄灯时用漏斗倒入,注意酒精量不超过灯身容积的 3/4。

b. 点燃酒精灯时,必须用火柴,不许用酒精灯点燃酒精灯,以免发生火灾等事故。

c. 暂时不用或用完后,要随时盖上灯罩,以免酒精蒸发。具体操作:盖熄灯后再打开片刻,然后盖上。不可用嘴吹熄灯。

d. 调节火焰时,应先熄灯,用镊子夹住灯芯进行调节,灯芯不能塞得太紧,发现灯口破裂即不能再使用,以免发生火灾、爆炸。

ⅲ. 减压过滤完毕后,应先把连接吸滤瓶的橡皮管拔下(或使吸滤垫与吸滤瓶口分离),然后才关闭水龙头或停真空泵,以防倒吸。

ⅳ. 苯甲酸的溶解度:10 ℃时为每 100 g H_2O 溶解 5.9 g。水是过量的,制得的热溶液是不饱和的,重结晶过程中为了防止热过滤时提前结晶,溶剂常过量 20%左右。

ⅴ. 活性炭可吸附有色杂质,使用时应注意以下几点:一次用量不要过多,一般为粗试样的 1%~5%,若使用太多,试样同样能够被吸附,如一次脱色不好,可多次重复;不能向正在或接近沸腾的溶液中加入活性炭,以免溶液暴沸;活性炭在水和含羟基的溶剂中脱色效果较好,在非极性溶剂中效果较差。

ⅵ. 如果要获得大颗粒的晶体，需要将滤液在室温下放置，让其慢慢冷却。若冷却后仍无晶体析出，可采用下述方法处理：用玻璃棒摩擦容器内壁（造成粗糙面，提供结晶中心）；加入少量结晶化合物的晶体（提供晶种）；用冰水浴冷却。

思　考　题

1. 实验玻璃仪器为什么要洗涤？怎样洗涤玻璃量器？通常有几种洗涤和干燥方法？
2. 洗液如何配制？使用洗液应注意什么？
3. 在粗食盐提纯中两次采用过滤的目的是什么？
4. 本实验浓缩结晶时，为什么不能把母液蒸干？
5. 减压过滤完毕后，为什么要先把连接吸滤瓶的橡皮管拔下，才能关闭水龙头或停真空泵？在减压过滤装置中，安全瓶的作用是什么？

实验 2　溶液的配制

一、实验目的

(1) 学习配制一定物质的量浓度的溶液。

(2) 熟悉规范化地使用台秤、分析天平、量筒等仪器。

(3) 学习容量瓶、移液管、滴定管的使用方法。

(4) 了解特殊溶液的配制。

(5) 培养细心观察、准确操作、认真记录的良好习惯。

二、实验原理

溶液浓度是指一定量溶液或溶剂中所含溶质的量。由于“溶质的量”可取物质的量、质量、体积，溶液的量可取体积，溶剂的量可取质量、体积等，所以浓度的表示方法有很多。常用的浓度表示方法有以下几种。

质量分数　$w = \dfrac{m_{溶质}}{m_{溶液}}$

物质的量浓度　$c = \dfrac{n_{溶质}}{V_{溶液}}$　$n_{溶质} = \dfrac{m}{M}$

在配制溶液时的具体计算及配制步骤如下。

1. 由固体试剂配制溶液

1) 一定质量分数溶液的配制

计算出配制一定质量分数溶液所需的固体试剂的用量。用台秤称取所需固体的质量，置于烧杯中，再用量筒量取所需蒸馏水倒入烧杯，搅拌使固体完全溶解，即得一定质量分数的溶液。将溶液倒入试剂瓶中，贴上标签，备用。

2) 一定物质的量浓度溶液的配制

① 粗略配制：先算出配制一定体积溶液所需的固体试剂的质量。用台秤称取所需的固体试剂，倒入烧杯中，用量筒量取所需蒸馏水倒入烧杯，搅拌使固体完全溶解，即得所需的溶液。

将溶液倒入试剂瓶中，贴上标签，备用。

② 准确配制：先算出配制一定体积溶液所需的固体试剂的质量。在分析天平上(精确到0.000 1 g)准确称取所需的固体试剂，放入干净的烧杯中，加适量蒸馏水搅拌使固体溶解。玻璃棒引流将溶液转入与所配溶液体积相应的容量瓶中，洗涤烧杯三次，洗涤液一并转入容量瓶，再加蒸馏水至标线处，塞上塞子，将溶液摇匀即得所需的溶液，算出溶液的准确浓度。将溶液转入洁净、干燥的试剂瓶中，贴上标签，备用。

2. 由液体试剂(或浓溶液)配制溶液

1) 一定质量分数溶液的配制

① 混合两种已知浓度溶液：把所需的溶液浓度放在两条直线的交叉点上(中间位置)，已知浓度的溶液放在直线的左端，浓度大的在上，浓度小的在下，然后每条直线上两个数字相减，差额写在同一直线的另一端，这样就得到所需的已知溶液的份数。如由80%和30%的两种溶液混合，制备50%的溶液，如图3-2-1所示。

取20份浓度为80%的溶液和30份浓度为30%的溶液混合，即得浓度为50%的溶液。

② 浓溶液用溶剂稀释：在计算时只需将左下角较小的浓度写成"0"表示纯溶剂即可。如用80%的浓溶液稀释成50%的溶液，如图3-2-2所示。

取50份浓度为80%的溶液加30份的水，即得浓度为50%的溶液。

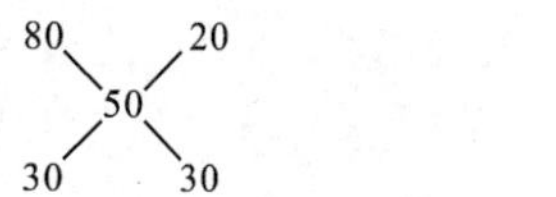

图 3-2-1　两种已知浓度溶液的配比求算过程

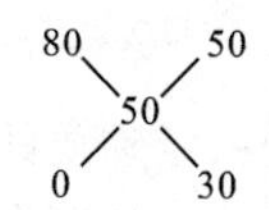

图 3-2-2　浓溶液稀释的配比求算过程

2) 一定物质的量浓度溶液的配制

① 粗略配制：根据稀释前后溶质的物质的量不变的原则，即 $c_{稀释前}V_{稀释前}=c_{稀释后}V_{稀释后}$，计算出配制溶液所需的液体试剂的体积。用量筒量取所需液体试剂(或浓溶液)的体积，倒入装有少量水的烧杯中，如果溶液放热，需冷却至室温后，再用水稀释至所需体积。搅拌溶液使其均匀，然后转入试剂瓶中，贴上标签，备用。

② 准确配制：当用较浓准确浓度的溶液配制较稀准确浓度的溶液时，先计算出所需浓溶液的体积，然后用吸量管吸取所需溶液注入给定体积的容量瓶中，再加蒸馏水至标线处，塞上塞子，将溶液摇匀即得所需的溶液，算出溶液的准确浓度。将溶液转入洁净、干燥的试剂瓶中，贴上标签，备用。

对于易水解的物质，配制时应先以相应的酸溶解易水解的物质，再加水稀释。

NaOH 容易吸收空气中的水分及 CO_2，盐酸则易挥发出 HCl 气体，故它们只能粗略配制，然后用基准物质标定其准确浓度。

标定 HCl 标准溶液的基准试剂有无水碳酸钠(Na_2CO_3)和硼砂($Na_2B_4O_7 \cdot 10H_2O$)；标定 NaOH 标准溶液的基准试剂有邻苯二甲酸氢钾($KHC_8H_4O_4$，KHP)和草酸($H_2C_2O_4 \cdot 2H_2O$)。

本实验用 KHP 作基准物质，以酚酞作指示剂，标定 NaOH 溶液的准确浓度：

$$KHP + NaOH = KNaP + H_2O \quad c_{NaOH}V_{NaOH}=\frac{m_{KHP}}{M_{KHP}}$$

再将 HCl 溶液和 NaOH 溶液相互滴定，NaOH 溶液和 HCl 溶液反应达到化学计量点时：

$$NaOH + HCl = NaCl + H_2O \quad c_{HCl}V_{HCl}=c_{NaOH}V_{NaOH}$$

通过测定 V_{NaOH}/V_{HCl}，利用这个比值可以从 NaOH 标准溶液的浓度计算出 HCl 溶液的准确浓度。

三、实验用品

仪器：烧杯(50 mL，100 mL，500 mL)，移液管(25 mL)，容量瓶(50 mL，100 mL)，细口瓶(500 mL)，量筒(10 mL，100 mL)，锥形瓶，称量瓶，干燥器，台秤，分析天平，胶头滴管，玻璃棒。

药品：NaCl 固体，$CuSO_4 \cdot 5H_2O$ 固体，NaOH 固体，$SbCl_3$ 固体，Na_2CO_3 基准物质，邻苯二甲酸氢钾，酚酞，HAc(2.00 $mol \cdot L^{-1}$)，HCl(6.00 $mol \cdot L^{-1}$)。

四、实验步骤

1. 配制质量分数为 10%的 NaCl 溶液 100 mL

用台秤称 10 g NaCl 固体于 100 mL 烧杯中，加入 90 mL 蒸馏水，搅拌使之溶解，即得 100 mL 10%的 NaCl 溶液。

2. 粗配 50 mL 0.2 $mol \cdot L^{-1}$ 的 $CuSO_4$ 溶液

$$c = \frac{n}{V} = \frac{m}{MV}$$

$$m = cMV = 0.2 \times 0.05 \times 249.7\ g = 2.497\ g \approx 2.5\ g$$

用台秤称取 2.5 g $CuSO_4 \cdot 5H_2O$ 固体于 50 mL 烧杯中，加少量蒸馏水，搅拌使之溶解，再加蒸馏水至 50 mL 即可。(注：可在烧杯中配制)

3. 配制 0.1 $mol \cdot L^{-1}$ 的 NaOH 溶液 400 mL

由台秤迅速称取 1.6 g NaOH 固体于烧杯中，加约 30 mL 无 CO_2 的蒸馏水，搅拌使之溶解，转入橡皮塞细口瓶中，稀释至 400 mL，盖好瓶塞，摇匀，贴好标签备用。

4. 由 6 $mol \cdot L^{-1}$ 的 HCl 溶液配制 400 mL 0.1 $mol \cdot L^{-1}$ 的 HCl 溶液

量取 6.7 mL 6 $mol \cdot L^{-1}$ 的 HCl 溶液于细口瓶中，加 393 mL 蒸馏水，盖上瓶塞，摇匀，贴上标签。

5. 由 2.00 $mol \cdot L^{-1}$ 的 HAc 溶液配制 50 mL 0.200 $mol \cdot L^{-1}$ 的 HAc 溶液

$$2.00\ V = 50.00 \times 0.200\ V = 5.00\ mL$$

用吸量管量取 5.00 mL 2.00 $mol \cdot L^{-1}$ 的 HAc 溶液于 50 mL 容量瓶中，加蒸馏水定容至刻度，摇匀即可。

6. 配制 0.1 $mol \cdot L^{-1}$ 的 Na_2CO_3 标准溶液 100 mL

$$m = cMV = 0.1 \times 0.1 \times 106\ g \approx 1.1\ g$$

用分析天平准确称取 1.0～1.1 g Na_2CO_3 基准物质于小烧杯中，加 20 mL 蒸馏水溶解，用玻璃棒引流定量转入 100 mL 容量瓶中，加水至刻度，摇匀，计算 Na_2CO_3 的准确浓度。

7. 配制 50 mL 0.1 $mol \cdot L^{-1}$ 的 $SbCl_3$ 溶液

用台秤称取 1.1 g $SbCl_3$ 固体，溶于 16.5 mL 6 $mol \cdot L^{-1}$ 的 HCl 溶液中，加蒸馏水稀释至 50 mL。

8. 标定 NaOH 溶液

准确称取三份 0.4～0.5 g 邻苯二甲酸氢钾于 250 mL 锥形瓶中，加 20～30 mL 蒸馏水，温热使之溶解，冷却后加 1～2 滴酚酞指示剂，用自配的 0.1 $mol \cdot L^{-1}$ 的 NaOH 溶液滴定至溶液呈微红色，半分钟内不褪色即为终点。计算 NaOH 标准溶液的准确浓度，其相对平均偏差[①]应不大于 0.2%。

9. 酸碱标准溶液比较滴定

用移液管移取 20.00 mL 配制的 0.1 $mol \cdot L^{-1}$ 的 HCl 溶液于锥形瓶中，加 1 滴酚酞指示剂，用 NaOH 溶液滴定至溶液由无色变为淡红色，半分钟内不褪色即为终点，记录所消耗 NaOH 溶液的体积。平行测定 3 次。计算 HCl 标准溶液的准确浓度，其相对平均偏差应不大于 0.2%。

五、数据记录及处理

1. NaOH 溶液标定

请将相关数据填入表 3-2-1 中。

表 3-2-1　NaOH 溶液标定数据处理

实验编号	1	2	3
m_{KHP}/g V_{NaOH}(终)/mL V_{NaOH}(始)/mL V_{NaOH}/mL c_{NaOH}/($mol \cdot L^{-1}$)			
$\bar{c}_{NaOH}$/($mol \cdot L^{-1}$)			
相对平均偏差/(%)			

2. HCl 溶液与 NaOH 溶液的比较滴定

请将相关数据填入表 3-2-2 中。

表 3-2-2　酸碱比较滴定数据处理　　$\bar{c}_{NaOH}$ = ______ $mol \cdot L^{-1}$

实验编号	1	2	3
V_{HCl}/mL V_{NaOH}(终)/mL V_{NaOH}(始)/mL V_{NaOH}/mL c_{HCl}/($mol \cdot L^{-1}$)	20.00	20.00	20.00
$\bar{c}_{HCl}$/($mol \cdot L^{-1}$)			
相对平均偏差/(%)			

【注意事项】

ⅰ. 用容量瓶配制好的溶液需保存时，应将溶液转移至洁净、干燥的磨口试剂瓶中，不能将容量瓶当作试剂瓶使用。但如果溶液是当天使用，可不转移。

ⅱ. 每次滴定都必须将酸、碱溶液重新装至滴定管的零刻度线附近。

ⅲ. 指示剂本身为弱酸或弱碱，用量过多会产生误差，且高浓度的指示剂变色也不灵敏，不宜多用。每次滴定时指示剂用量和终点颜色的判断都要相同。

思　考　题

1. 配制 $SbCl_3$ 溶液时，如何防止水解？
2. 用容量瓶配制溶液时，是否需要先将容量瓶干燥？是否要用被稀释液洗三遍？
3. 怎样洗涤移液管？用水洗净后的移液管在使用前还要用吸取的溶液来洗涤，为什么？
4. 准确称取的基准物质置于锥形瓶中，锥形瓶内壁是否要烘干？比较滴定用的锥形瓶是否要用被滴定的溶液润洗？为什么？

附注

① 相对平均偏差。

进行分析时，往往要平行分析多次，然后取几次结果的平均值作为该组分析结果的代表。但是测得的平均值和真实数值之间存在着差异，所以分析结果的误差是不可避免的，为此要注意分析结果的准确度，寻求分析工作中产生误差的原因和误差出现的规律，要对分析结果的可靠性和可信赖程度做出合理判断。分析结果的准确度、精密度是分析中常遇到的问题，目前分析中常采用平均偏差、标准偏差及其相对平均偏差、相对标准偏差(RSD)以考察分析结果的精密度。

实验 3　$Fe(OH)_3$ 胶体的制备、破坏和分离

一、实验目的

(1) 掌握常压过滤、减压过滤的操作方法及适用范围。

(2) 了解沉淀状态与沉淀条件的关系，掌握判断沉淀完全与否的方法。

二、实验原理

溶胶是一种多相分散体系，它是介于真溶液和悬浊液之间的分散系。溶胶具有以下性质：

(1) 光学性质　具有丁达尔(Tyndall)效应：当光束射入溶胶时，从光束的侧面可以看到一条发亮的光柱。胶粒大小在 1～100 nm 之间，能透过滤纸，具有明显的散射现象。

(2) 动力学和热力学性质　是动力学稳定体系：在超显微镜下，观察到溶胶粒子不断地做无规则的布朗运动，因此在重力场中不易沉降。同时又是热力学不稳定体系，粒子间有相互聚结而降低其表面能的趋势，即具有易于沉降的不稳定性。

(3) 电化学性质　胶体表面多数带有电荷，因此具有电泳现象：在外加电场作用下，胶体溶液中的胶粒向电极做定向移动。通过电泳实验可以测定胶粒带正电还是带负电。牛奶、豆浆、墨水、泥水等是电中性的胶体；金属氧化物或氢氧化物等是带正电荷的胶体；非金属氧化物或金属硫化物等是带负电荷的胶体。此外，胶体还具有电渗、流动电势和沉降电势三种电动现象。

胶体的性质与其内部结构有关。根据大量实验事实，提出了扩散双电层结构。在胶体溶液中，胶粒一方面可以吸附某种离子，另一方面胶粒本身又可以电离产生离子，所以胶粒表面带有电荷。由于静电吸引作用，在它的周围必然分散着带有相反电荷的反离子，反离子受胶体的吸引有靠近胶体的趋势。同时由于离子的热运动，又有远离胶体的趋势。当这两种作用达到平衡时，一部分反离子紧紧吸附在胶粒表面，并在电泳时一起移动，这部分反离子和胶体表面的离子所形成的带电层称为吸附层。另一部分反离子分布在胶粒的周围，在胶粒近处较多，

在胶粒远处较少,形成与吸附层电荷符号相反的另一带电层,称为扩散层。这样,在胶粒表面由电性相反的吸附层和扩散层构成双电层,统称为双电层结构。

胶体和粗分散系不同,具有较好的稳定性。这是由于胶粒带有相同的电荷,于是在胶粒间产生了一定的静电斥力,从而阻止它们互相接触而聚沉。另一方面,由于胶粒较小,能不停地做无规则运动,致使吸附在胶粒表面的粒子水化,而形成一层水化膜,阻止了胶粒聚沉。一般而言,胶体是稳定的,所以金溶胶一百年不聚沉,牛奶也是一种稳定的胶体。但胶体的稳定性是相对的,有条件的。一旦增加胶体溶液浓度,或加入强电解质、加入异种电荷的溶胶或加热,都会促使胶粒聚沉。

本实验利用硫酸铁溶液和稀氢氧化钠溶液(2 $mol \cdot L^{-1}$)在 pH 值约为 5 的条件下制备 $Fe(OH)_3$ 胶体,用浓氢氧化钠溶液(6 $mol \cdot L^{-1}$)并加热,破坏生成的 $Fe(OH)_3$ 胶体。

三、实验用品

仪器:循环水真空泵,电炉,量筒(100 mL),玻璃棒,胶头滴管,试管,漏斗,烧杯(100 mL),布氏漏斗,抽滤瓶,表面皿,漏斗架,塑料镊子。

药品:$Fe_2(SO_4)_3$(0.1 $mol \cdot L^{-1}$),NaOH(2 $mol \cdot L^{-1}$,6 $mol \cdot L^{-1}$),KSCN(0.1 $mol \cdot L^{-1}$)。

其他:滤纸,广范 pH 试纸。

四、实验步骤

1. $Fe(OH)_3$ 胶状沉淀的生成及分离

取 15 mL 水于 100 mL 烧杯中,加入 15 mL 0.1 $mol \cdot L^{-1}$的 $Fe_2(SO_4)_3$ 溶液,然后在不断搅拌下,滴加 2 $mol \cdot L^{-1}$的 NaOH 溶液至 pH 值约为 5,观察生成沉淀的颜色和形态,并检查沉淀是否完全。若不完全,则继续滴加 NaOH 溶液至沉淀完全为止。

把沉淀分成两份,分别进行常压和减压过滤,比较两者的过滤速度,观察沉淀是否穿过滤纸进入滤液和滤纸上 $Fe(OH)_3$ 的干湿程度,并用 KSCN 溶液检验滤液。

2. $Fe(OH)_3$ 胶状沉淀的破坏及分离

取 20 mL 0.1 $mol \cdot L^{-1}$的 $Fe_2(SO_4)_3$ 溶液于 100 mL 烧杯中,加热溶液至沸腾,在继续加热和搅拌下,较快加入 6 $mol \cdot L^{-1}$的 NaOH 溶液至 pH 值约为 5,并充分煮沸(煮沸过程要不断搅拌,以防止溶液暴沸溅出)。检查沉淀是否完全。若不完全,则继续滴加 NaOH 溶液至沉淀完全为止。观察生成沉淀的颜色和形态,与实验 1 结果比较。

把沉淀分成两份,分别进行常压和减压过滤,比较两者的过滤速度、观察沉淀是否穿过滤纸进入滤液和滤纸上 $Fe(OH)_3$ 的干湿程度。

比较实验 1 和实验 2 的两种不同沉淀固、液分离的效果,滤液颜色和滤速。

五、实验现象与解释

表 3-3-1　实验现象与解释

实验内容	实验现象	解释
$Fe(OH)_3$ 胶状沉淀的生成及分离		
$Fe(OH)_3$ 胶状沉淀的破坏及分离		
实验 1 与实验 2 比较		

【注意事项】

ⅰ. 先准备好常压、减压过滤装置再进行制备胶体和破坏胶体实验。

ⅱ. 滴加氢氧化钠溶液时要快滴、快搅，并控制好溶液的 pH 值。

ⅲ. 加热过程中，戴好棉线手套，防止烫伤。

思　考　题

1. 常压过滤时滤纸为什么要撕去一角?
2. 抽滤时剪好的滤纸润湿后略大于布氏漏斗的内径，对抽滤有何影响? 为什么?
3. 抽滤时，转移溶液之前为什么要先稍微抽气，而不能在转移溶液以后才开始抽气?
4. 沉淀物未能铺满布氏漏斗底部、滤饼出现裂缝、沉淀层疏松不实，对抽干效果有什么影响? 为什么? 如何使沉淀抽滤得比较彻底?

实验 4　化学反应速率和活化能的测定

一、实验目的

(1) 了解浓度、温度和催化剂对反应速率的影响。

(2) 掌握测定过二硫酸铵与碘化钾反应的平均速率、反应级数、速率常数的方法。

(3) 掌握通过作图法处理实验数据的方法。

二、实验原理

在水溶液中，过二硫酸铵与碘化钾发生如下反应：

$$S_2O_8^{2-} + 3I^- = 2SO_4^{2-} + I_3^- \qquad (3\text{-}4\text{-}1)$$

该反应的平均速率方程可表示为

$$\bar{v} = -\frac{\Delta[S_2O_8^{2-}]}{\Delta t} = k[S_2O_8^{2-}]^m[I^-]^n$$

式中：$\bar{v}$——反应的平均速率；

$\Delta[S_2O_8^{2-}]$——Δt 时间内 $S_2O_8^{2-}$ 浓度的变化量；

$[S_2O_8^{2-}]$、$[I^-]$——$S_2O_8^{2-}$ 和 I^- 的起始浓度；

k——该反应的速率常数；

m、n——反应物 $S_2O_8^{2-}$ 和 I^- 的反应级数，$m+n$ 为反应的总级数。

为了测出反应在 Δt 时间内 $S_2O_8^{2-}$ 浓度的变化量，需要在混合$(NH_4)_2S_2O_8$和 KI 溶液的同时，加入一定体积已知浓度的 $Na_2S_2O_3$ 溶液和作为指示剂的淀粉溶液，这样在反应(3-4-1)进行的同时还进行着另一反应：

$$2S_2O_3^{2-} + I_3^- \rightleftharpoons S_4O_6^{2-} + 3I^- \qquad (3\text{-}4\text{-}2)$$

反应(3-4-2)几乎是瞬间完成，反应(3-4-1)比反应(3-4-2)慢得多。因此，反应(3-4-1)生成的 I_3^- 与 $S_2O_3^{2-}$ 反应，生成无色的 $S_4O_6^{2-}$ 和 I^-，所以观察不到碘与淀粉作用所呈现的特征蓝色。当反应(3-4-2)的 $S_2O_3^{2-}$ 耗尽，反应(3-4-1)还在继续进行，生成的微量 I_3^- 遇淀粉立即呈蓝色，标志着反应(3-4-2)的完成。

从反应(3-4-1)和反应(3-4-2)的计量关系可见,$S_2O_8^{2-}$ 浓度的变化量等于 $S_2O_3^{2-}$ 浓度变化量的一半,即

$$\Delta[S_2O_8^{2-}] = \frac{\Delta[S_2O_3^{2-}]}{2}$$

本实验是在 $S_2O_3^{2-}$ 的起始浓度相同,溶液的总体积一定,改变 $S_2O_8^{2-}$ 和 I^- 的起始浓度的条件下完成的,所以 $\Delta[S_2O_3^{2-}]$不变。因此,只要记下从反应开始到溶液出现蓝色所需要的时间 Δt,就可以计算出反应的平均速率($\overline{v}$)。

根据反应速率方程,可计算出反应级数 m 和 n,反应速率常数 k。

再根据阿仑尼乌斯公式

$$\lg k = -\frac{E_a}{2.303RT} + \lg A$$

式中:k——反应速率常数;

E_a——反应活化能;

R——摩尔气体常数;

T——绝对温度;

A——指前因子。

以 $\lg k$ 对$\frac{1}{T}$作图,可得一直线,其斜率为$-\frac{E_a}{2.303R}$,截距为 $\lg A$。由直线的斜率可求出反应的活化能 E_a。

三、实验用品

仪器:恒温水浴锅,烧杯(50 mL),量筒(10 mL,25 mL),秒表,温度计。

药品:$(NH_4)_2S_2O_8$(0.20 mol · L^{-1}),KI(0.20 mol · L^{-1}),KNO_3(0.20 mol · L^{-1}),$(NH_4)_2SO_4$(0.20 mol · L^{-1}),$Na_2S_2O_3$(0.020 mol · L^{-1}),$Cu(NO_3)_2$(0.02 mol · L^{-1}),淀粉溶液(0.2%)。

其他:坐标纸,冰块。

四、实验步骤

1. 浓度对反应速率的影响

(1) 在室温下,按表 3-4-1 所示用量,用量筒分别量取 KI 溶液、$Na_2S_2O_3$溶液、KNO_3溶液、$(NH_4)_2SO_4$溶液和淀粉溶液,加入 250 mL 锥形瓶中,混合摇匀。

(2) 用量筒按表 3-4-1 所示用量准确量取$(NH_4)_2S_2O_8$溶液,快速加入上述混合溶液中,摇匀,立即用秒表计时。

(3) 当溶液刚出现蓝色时,立即停止计时,将反应时间填入表 3-4-1 中。

(4) 实验编号为 2,3,4,5 的溶液中加 KNO_3溶液或$(NH_4)_2SO_4$溶液是为了保持反应液总体积和离子强度相同。

表 3-4-1　浓度对反应速率的影响　　　　反应温度________℃

实验编号	1	2	3	4	5
$(NH_4)_2S_2O_8$溶液体积/mL	20	10	5	20	20
KI 溶液体积/mL	20	20	20	10	5

续表

实验编号	1	2	3	4	5
$Na_2S_2O_3$溶液体积/mL	8	8	8	8	8
淀粉溶液体积/mL	4	4	4	4	4
KNO_3溶液体积/mL	0	0	0	10	15
$(NH_4)_2SO_4$溶液体积/mL	0	10	15	0	0
反应时间/s					

2. 温度对反应速率的影响

按表 3-4-1 实验编号 4 的用量，分别量取 KI 溶液、$Na_2S_2O_3$溶液、KNO_3溶液、$(NH_4)_2SO_4$溶液和淀粉溶液，加入 250 mL 锥形瓶中，混合摇匀，量取$(NH_4)_2S_2O_8$溶液加入一支大试管中，在锥形瓶和大试管中分别插入温度计，并将它们放在冰水浴中冷却。待温度计读数为 0 ℃时，按上述实验方法，将$(NH_4)_2S_2O_8$溶液快速加入混合溶液中，立刻计时，记录反应在 0 ℃所需的时间。

再按表 3-4-1 实验编号 4 的用量，在恒温水浴上分别做比室温低约 10 ℃、高约 10 ℃和 20 ℃的实验，加上室温和 0 ℃，可以测得五个不同温度下的反应时间，将数据填入表 3-4-2 中。

表 3-4-2　温度对反应速率的影响

实验编号	4	6	7	8	9
反应温度/℃					
反应时间/s					

3. 催化剂对反应速率的影响

按照表 3-4-1 实验编号 4 的用量，量取 KI 溶液、$Na_2S_2O_3$溶液、KNO_3溶液、$(NH_4)_2SO_4$溶液和淀粉溶液于 250 mL 锥形瓶中，混合摇匀，并在混合液中加入 2 滴 0.02 $mol \cdot L^{-1}$的$Cu(NO_3)_2$溶液，然后迅速与$(NH_4)_2S_2O_8$溶液混合，记录反应时间，与表 3-4-1 实验编号 4 的时间相对比，可得到什么结论？

五、数据记录及处理

1. 求反应速率常数 k

求出各反应的反应速率、反应级数 $m+n$，反应速率常数 k，填入表 3-4-3。

表 3-4-3　求反应速率常数相关数据处理

实验编号	1	2	3	4	5
溶液总体积/mL					
$-\Delta[S_2O_3^{2-}]/(mol \cdot L^{-1})$					
$-\Delta[S_2O_8^{2-}]/(mol \cdot L^{-1})$					
反应时间 Δt/s					
反应速率 v/(　　　)					
$[I^-]/(mol \cdot L^{-1})$					

续表

实验编号	1	2	3	4	5
$[S_2O_8^{2-}]/(mol \cdot L^{-1})$					
m(取正整数)					
n(取正整数)					
反应速率常数 k/(　　　)					
$\bar{k}$/(　　　)					

2. 反应活化能的计算

请将相关数据填入表 3-4-4 中。

表 3-4-4　求反应活化能相关数据处理

实验编号	4	6	7	8	9
反应速率常数 k/(　　　)					
$\lg k$					
$\frac{1}{T}$/(　　　)					
反应活化能 E_a/(　　　)					

【注意事项】

ⅰ. KI 溶液应为无色透明溶液,如溶液变成淡黄色,则不宜使用,说明 I^- 被氧化成 I_2。一般应在实验前配制 KI 溶液。

ⅱ. $(NH_4)_2S_2O_8$ 溶液要新配制的,因为 $(NH_4)_2S_2O_8$ 长时间放置会分解。$(NH_4)_2S_2O_8$ 溶液的 pH 值应大于 3,否则表明该试剂已有分解,不适合本实验使用。

ⅲ. 所用试剂如混有少量 Cu^{2+}、Fe^{3+} 等杂质,对反应有催化作用,必要时加入几滴 0.1 $mol \cdot L^{-1}$ 的 EDTA 溶液。

ⅳ. 溶液浓度精确到两位有效数字。

ⅴ. 本实验成败的关键之一是所用溶液浓度要准确,不要污染试剂,倒出的溶液不允许倒回原试剂瓶。

ⅵ. 本实验两人一组合作完成,原始实验数据共用,但实验报告(包括数据处理、作图)要求每个人独立完成。

思　考　题

1. 实验中为什么可以由反应出现蓝色的时间长短来计算反应速率?反应溶液出现蓝色后,反应是否就终止了?
2. $Na_2S_2O_3$ 溶液的用量过多或过少,对实验结果有何影响?
3. 为什么在实验编号为 2,3,4,5 的溶液中,分别加入 KNO_3 溶液或 $(NH_4)_2SO_4$ 溶液?
4. 在加入 $(NH_4)_2S_2O_8$ 溶液时,计时与摇匀未同时进行,会对实验结果有何影响?
5. 在 KI 溶液、$Na_2S_2O_3$ 溶液、淀粉溶液、KNO_3 溶液、$(NH_4)_2SO_4$ 溶液混合均匀后,将 $(NH_4)_2S_2O_8$ 溶液倒入上述混合溶液时,为什么必须快速加入?

实验5　酸碱平衡与沉淀溶解平衡

一、实验目的

（1）掌握酸碱解离平衡和同离子效应等理论。

（2）了解盐类的水解及其影响因素。

（3）学习缓冲溶液的配制及 pH 值的测定，了解缓冲溶液的缓冲性能。

（4）根据溶度积规则熟悉沉淀的生成、溶解、转化等条件。

（5）学习试管实验的一些基本操作。

（6）学习离心机的使用和固液分离操作。

二、实验原理

1. 酸碱平衡

1）溶液酸度的表示方法

溶液的酸度常用 pH 值表示，表达式为

$$pH = -\lg \frac{[H^+]}{c^{\ominus}}$$

确定溶液 pH 值的方法包括 pH 试纸法、酸碱指示剂法和酸度计法等。

2）弱电解质的解离平衡及移动

强电解质在水中完全解离。弱电解质在水中则部分解离。在一定温度下，弱酸弱碱在水溶液中存在下列解离平衡：

$$HA + H_2O \rightleftharpoons H_3O^+ + A^-$$

$$B + H_2O \rightleftharpoons OH^- + BH^+$$

在平衡体系中，若加入与弱电解质含有相同离子的强电解质，则解离平衡向着生成弱电解质的方向移动，使弱电解质的解离度下降，这种效应称为同离子效应。当加入不含相同离子的强电解质时，弱电解质的解离度将稍有增大，这种效应称为盐效应。

3）盐的水解

盐的水解是盐的离子与水中的 H^+ 或 OH^- 作用，生成相应的弱酸或弱碱的反应。水解后溶液的酸碱性取决于盐的类型。

① 弱酸强碱盐，如 NaAc：

$$Ac^- + H_2O \rightleftharpoons HAc + OH^- \quad \text{（水解显碱性）}$$

② 弱碱强酸盐，如 NH_4Cl：

$$NH_4^+ + H_2O \rightleftharpoons NH_3 \cdot H_2O + H^+ \quad \text{（水解显酸性）}$$

③ 弱碱弱酸盐，如 NH_4Ac：

$$NH_4^+ + Ac^- + H_2O \rightleftharpoons NH_3 \cdot H_2O + HAc$$

溶液的酸碱性取决于相应弱酸、弱碱的相对强弱。

强酸强碱盐在水中不水解。

水解反应是酸碱中和反应的逆反应。中和反应是放热反应，水解反应是吸热反应。因此，升高温度有利于盐类的水解。

4) 缓冲溶液的性质与配制

弱酸(或弱碱)及其盐所构成的溶液体系(如 HAc-NaAc、$NH_3 \cdot H_2O$-NH_4Cl、NaH_2PO_4-Na_2HPO_4等),能在一定程度上具有抗酸、抗碱和抗稀释的作用,即加入少量的酸、碱或进行稀释时,该混合体系的 pH 值基本不变,这种溶液体系称为缓冲溶液。其酸度的计算公式因缓冲溶液的组成不同而有差异。

① 弱酸及其盐组成缓冲溶液: $pH = pK^{\ominus}_{a,HA} - \lg \frac{c_{HA}}{c_{A^-}}$

② 弱碱及其盐组成缓冲溶液: $pH = 14 - pK^{\ominus}_{b,B} + \lg \frac{c_B}{c_{BH^+}}$

缓冲溶液的缓冲能力与组成缓冲溶液的弱酸(或弱碱)及其盐的浓度有关,当弱酸(或弱碱)及其盐的浓度较大时,其缓冲能力较强。此外,缓冲能力还与$\frac{c_{HA}}{c_{A^-}}$或$\frac{c_B}{c_{BH^+}}$有关,当比值等于1时,其缓冲能力最强。此比值通常选在 0.1~10 范围内,称为缓冲范围。

2. 沉淀溶解平衡

在难溶电解质的饱和溶液中,未溶解的难溶电解质与溶液中相应的离子之间可建立如下的多相离子平衡,称为沉淀溶解平衡。可用通式表示如下:

$$A_mB_n(s) \rightleftharpoons mA^{n+}(aq) + nB^{m-}(aq)$$

难溶电解质达到沉淀溶解平衡时,其溶度积表达式为

$$K^{\ominus}_{sp} = [A^{n+}]^m[B^{m-}]^n$$

$[A^{n+}]$和$[B^{m-}]$为两离子的平衡浓度。

根据溶度积,利用不同条件下相应的离子积可判断沉淀的生成和溶解。

(1) 当$[A^{n+}]^m[B^{m-}]^n > K^{\ominus}_{sp}$时,溶液过饱和,有沉淀生成。

(2) 当$[A^{n+}]^m[B^{m-}]^n = K^{\ominus}_{sp}$时,处于平衡状态,为饱和溶液。

(3) 当$[A^{n+}]^m[B^{m-}]^n < K^{\ominus}_{sp}$时,溶液未饱和,无沉淀生成。

溶液 pH 值的改变,配合物的生成或发生氧化还原反应,往往会引起难溶电解质的溶解度改变。

如果溶液为多种离子的混合溶液,当加入某种试剂时,可能与溶液中几种离子发生沉淀反应,某些离子先沉淀,另一些离子后沉淀,这种现象称为分步沉淀。对于相同类型的难溶电解质,沉淀的先后顺序可根据$K^{\ominus}_{sp}$的相对大小加以判断。对于不同类型的难溶电解质,则要根据计算所需沉淀剂浓度的大小来判断沉淀的先后顺序。

把一种沉淀转化为另一种沉淀的过程称为沉淀的转化。两种沉淀间相互转化的难易程度要根据沉淀转化反应的标准平衡常数来确定。

三、实验用品

仪器:试管,离心试管,烧杯(100 mL),试管架,试管夹,量筒,点滴板,漏斗,酒精灯,石棉网,毛细管,脱脂棉。

药品:HCl(0.1 $mol \cdot L^{-1}$,1 $mol \cdot L^{-1}$,2 $mol \cdot L^{-1}$,6 $mol \cdot L^{-1}$),HAc(0.1 $mol \cdot L^{-1}$,1 $mol \cdot L^{-1}$),$NH_3 \cdot H_2O$(1 $mol \cdot L^{-1}$,2 $mol \cdot L^{-1}$),NaAc(0.1 $mol \cdot L^{-1}$,1 $mol \cdot L^{-1}$),NaCl(0.1 $mol \cdot L^{-1}$),NH_4Cl(0.1 $mol \cdot L^{-1}$,1 $mol \cdot L^{-1}$),Na_2CO_3(0.1 $mol \cdot L^{-1}$),NH_4Ac(0.1 $mol \cdot L^{-1}$),$Fe(NO_3)_3$(0.5 $mol \cdot L^{-1}$),$BiCl_3$(0.1 $mol \cdot L^{-1}$),$CrCl_3$(0.1 $mol \cdot L^{-1}$),

$NaOH$（0. 1 mol · L^{-1}），$Pb(Ac)_2$（0. 01 mol · L^{-1}），KI（0. 02 mol · L^{-1}，2 mol · L^{-1}），Na_2S（0. 1 mol · L^{-1}），$Pb(NO_3)_2$（0. 1 mol · L^{-1}），HNO_3（6 mol · L^{-1}），$MgCl_2$（0. 1 mol · L^{-1}），$AgNO_3$（0. 1 mol · L^{-1}），K_2CrO_4（0. 1 mol · L^{-1}），酚酞，甲基橙，$NaNO_3$固体。

其他：广范 pH 试纸。

四、实验步骤

1. 弱电解质溶液 pH 值比较

① 在两支试管中分别加入 5 滴 0. 1 mol · L^{-1}的 HCl 溶液和 0. 1 mol · L^{-1}的 HAc 溶液，然后再各加入 1 mL 蒸馏水，最后各加 1 滴甲基橙，观察溶液的颜色，并解释之。

② 用广范 pH 试纸分别测定 0. 1 mol · L^{-1}的 HCl 溶液和 0. 1 mol · L^{-1}的 HAc 溶液的 pH 值，并与计算值进行比较。

2. 同离子效应

① 往两支试管中各加入 10 滴 1 mol · L^{-1}的 $NH_3 \cdot H_2O$ 溶液，再滴加 1 滴酚酞指示剂，观察溶液的颜色，然后往其中一支试管中加入少许 NH_4Cl 固体并振荡，观察两试管的颜色差别，解释现象。

② 往两支试管中各加入 10 滴 0. 1 mol · L^{-1}的 HAc 溶液，再加入 1 滴甲基橙，观察溶液的颜色。然后往其中一支试管中加入 10 滴 1 mol · L^{-1}的 NaAc 溶液并振荡，观察两试管的颜色差别，解释现象。

3. 盐类水解及影响水解的因素

① 测定下列各类盐溶液的 pH 值。用 pH 试纸测定浓度各为 0. 1 mol · L^{-1}的 NaCl 溶液、NH_4Cl 溶液、Na_2CO_3溶液、NH_4Ac 溶液和 NaAc 溶液的 pH 值，写出水解反应的离子反应式。

② 在一支试管中加入 2 mL 0. 5 mol · L^{-1}的 $Fe(NO_3)_3$溶液，观察溶液的颜色，将试管加热，观察试管中溶液颜色的变化情况，并解释之。

③ 在 2 mL 蒸馏水中加 1 滴 0. 1 mol · L^{-1}的 $BiCl_3$溶液，观察现象，再滴加 2 mol · L^{-1}的 HCl 溶液，观察沉淀是否溶解，写出离子反应式。

④ 往试管中加入 5 滴 0. 1 mol · L^{-1}的 $CrCl_3$溶液和 5 滴 0. 1 mol · L^{-1}的 Na_2CO_3溶液，观察现象，写出反应的离子反应式。

4. 缓冲溶液的配制与性质

① 按表 3-5-1 所示用量配制缓冲溶液，并用 pH 试纸分别测定其 pH 值，与计算值比较。

表 3-5-1　缓冲溶液的配制与 pH 值

编号	缓冲溶液的配制	pH 值计算值	pH 值测定值
1	10. 0 mL 1 mol · L^{-1}的 HAc 溶液加 10. 0 mL 1 mol · L^{-1}的 NaAc 溶液		
2	10. 0 mL 0. 1 mol · L^{-1}的 HAc 溶液加 10. 0 mL 0. 1 mol · L^{-1}的 NaAc 溶液		

续表

编号	缓冲溶液的配制	pH 值计算值	pH 值测定值
3	10.0 mL 0.1 mol · L^{-1}的 HAc 溶液中加 2 滴酚酞，以 0.1 mol · L^{-1}的 NaOH 溶液滴定至红色且半分钟不褪色，再加入 10.0 mL 0.1 mol · L^{-1}的 HAc 溶液		
4	10.0 mL 1 mol · L^{-1} 的 $NH_3 \cdot H_2O$ 溶液加 10.0 mL 1 mol · L^{-1}的 NH_4Cl 溶液		

② 取 5 mL 1 号缓冲溶液，加入 5 滴(约 0.25 mL)0.1 mol · L^{-1}的 HCl 溶液摇匀，用酸度计测定其 pH 值，并与计算值比较。另外取 5 mL 缓冲溶液，加入 5 滴(约 0.25 mL)0.1 mol · L^{-1}的 NaOH 溶液摇匀，用 pH 计测定其 pH 值，并与计算值比较。

5. 沉淀的生成和溶解

① 在 3 支试管中各加入 2 滴 0.01 mol · L^{-1}的 $Pb(Ac)_2$溶液和 2 滴 0.02 mol · L^{-1}的 KI 溶液，振荡试管，观察有无沉淀生成。在第 1 支试管中加入 5～15 滴蒸馏水，振荡试管，观察现象；在第 2 支试管中加入少量 $NaNO_3$ 固体，振荡试管，观察现象；在第 3 支试管中加入过量 2 mol · L^{-1}的 KI 溶液，振荡试管，观察现象。解释原因，写出离子反应式。

② 在 2 支试管中各加入 1 滴 0.1 mol · L^{-1} 的 Na_2S 溶液和 1 滴 0.1 mol · L^{-1} 的 $Pb(NO_3)_2$溶液，振荡试管，观察沉淀的生成和颜色。在一支试管中加入 6 mol · L^{-1}的 HCl 溶液，另一支试管中加入 6 mol · L^{-1} 的 HNO_3溶液，振荡试管，观察现象。解释原因，写出离子反应式。

③ 在 2 支试管中各加入 10 滴 0.1 mol · L^{-1} 的 $MgCl_2$ 溶液和数滴 2 mol · L^{-1} 的 $NH_3 \cdot H_2O$溶液直至有沉淀生成。在第一支试管中加入几滴 2 mol · L^{-1}的 HCl 溶液，另一支试管中加入数滴 1 mol · L^{-1}的 NH_4Cl 溶液，振荡试管，观察沉淀是否溶解。解释每步实验现象，写出有关离子反应式。

6. 分步沉淀

① 取 1 滴 0.1 mol · L^{-1}的 $AgNO_3$溶液和 1 滴 0.1 mol · L^{-1}的 $Pb(NO_3)_2$溶液于试管中，加 5 mL 蒸馏水稀释，摇匀后，加入 1 滴 0.1 mol · L^{-1}的 K_2CrO_4溶液，振荡试管，观察沉淀的颜色，离心后，向清液中继续滴加 K_2CrO_4 溶液，观察此时生成沉淀的颜色。写出离子反应式。根据沉淀颜色的变化和溶度积规则，判断哪一种难溶物质先沉淀。

② 在试管中各加入 1 滴 0.1 mol · L^{-1}的 Na_2S 溶液和 1 滴 0.1 mol · L^{-1}的 K_2CrO_4溶液，加 5 mL 蒸馏水稀释，摇匀。先加入 1 滴 0.1 mol · L^{-1}的 $Pb(NO_3)_2$溶液，振荡试管，观察沉淀的颜色，离心后，向清液中继续滴加 $Pb(NO_3)_2$溶液，观察此时生成沉淀的颜色。写出离子反应式。根据沉淀颜色的变化和溶度积规则，判断哪一种难溶物质先沉淀。

7. 沉淀的转化

在 5 滴 0.1 mol · L^{-1}的 $AgNO_3$溶液中，加入 3 滴 0.1 mol · L^{-1}的 K_2CrO_4溶液，振荡试管，观察沉淀的颜色。再在其中逐滴加入 0.1 mol · L^{-1}的 NaCl 溶液，边加边振荡，观察现象。写出相关的离子反应式，计算沉淀转化反应的标准平衡常数。

思 考 题

1. 同离子效应对弱电解质的解离度和难溶电解质的溶解度各有何影响？

2. 缓冲溶液的缓冲能力与哪些因素有关？
3. 沉淀生成的条件是什么？等体积混合 0.01 $mol \cdot L^{-1}$ 的 $Pb(Ac)_2$ 溶液和 0.02 $mol \cdot L^{-1}$ 的 KI 溶液，根据溶度积规则，判断有无沉淀产生。

实验 6　醋酸解离度和解离常数的测定

一、实验目的

(1) 了解 pH 法和半中和法测定醋酸解离度和解离常数的原理。

(2) 加深对解离度和解离常数的理解。

(3) 学习酸度计的使用方法，进一步练习容量分析的基本操作。

二、实验原理

醋酸(CH_3COOH，简写成 HAc)是一元弱酸，在水溶液中存在着下列平衡：

$$HAc(aq) \rightleftharpoons H^+(aq) + Ac^-(aq)$$

起始浓度/($mol \cdot L^{-1}$)　　c　　0　　0

平衡浓度/($mol \cdot L^{-1}$)　　$c - c\alpha$　　$c\alpha$　　$c\alpha$

其解离平衡常数表达式为

$$K_a^\ominus = \frac{[H^+][Ac^-]}{[HAc]} = \frac{c\alpha^2}{1-\alpha} \approx c\alpha^2$$

式中：$K_a^\ominus$——解离平衡常数；

$[H^+]$、$[Ac^-]$、$[HAc]$——H^+、Ac^-、HAc 的平衡浓度，在纯 HAc 溶液中 $[H^+][Ac^-] = c^2\alpha^2$；

c——HAc 溶液的起始浓度；

α——醋酸解离度，当解离度 $\alpha < 5\%$ 时，可以近似计算，即 $1-\alpha \approx 1$。

本实验用酸度计(也称 pH 计)测定一定温度下，一系列已知浓度的 HAc 溶液的 pH 值，根据 $pH = -\lg[H^+]$，求出 $[H^+]$。再根据 $[H^+] = c\alpha$ 和 $K_a^\ominus = c\alpha^2$，即可求得一系列 HAc 溶液的 α 和 $K_a^\ominus$ 值，取其平均值即为在该温度下 HAc 的解离常数。

如果用 HAc-NaAc 组成缓冲溶液，该溶液的 pH 值可由下式求出：

$$pH = pK_a^\ominus - \lg \frac{c_{HAc}}{c_{NaAc}}$$

根据 c_{HAc}、c_{NaAc} 及测得的 pH 值，就可计算出 $K_a^\ominus$。当 $c_{HAc} = c_{NaAc}$ 时，$pH = pK_a^\ominus$。

本实验是用 NaOH 中和掉 HAc 量的一半，此时溶液中剩余的 HAc 的浓度恰好等于生成的 NaAc 的浓度，即 $c_{HAc} = c_{NaAc}$，此时 $pH = pK_a^\ominus$。

本实验用酸度计测定一定温度下，HAc 和 NaAc 混合溶液的 pH 值，即得 HAc 溶液的解离常数，这种方法也称为半中和法。

三、实验用品

仪器：酸度计，气流烘干器，酸式滴定管，碱式滴定管，锥形瓶(250 mL)，容量瓶(50 mL)，移液管(25 mL)，吸量管(5 mL)，温度计，洗耳球。

药品：HAc 标准溶液(约 0.1 $mol \cdot L^{-1}$，精确到 4 位有效数字)，NaOH 标准溶液(约 0.1

$mol \cdot L^{-1}$，精确到4位有效数字)，酚酞(1%，95%乙醇溶液)，标准缓冲溶液(pH=4.003和pH=6.864)。

其他：滤纸。

四、实验步骤

1. pH法测定HAc溶液的pH值

1)配制不同浓度的HAc溶液

用移液管和吸量管分别吸取2.5 mL、5 mL、25 mL已标定的HAc溶液，放入50 mL容量瓶(编号为1,2,3)中，用蒸馏水稀释至刻度，摇匀。计算出每种HAc溶液的浓度。

将1,2,3号容量瓶中的溶液和HAc标准溶液(编号为4)，分别倒入4个干燥的100 mL烧杯(编号为1,2,3,4)中待测。

2)溶液pH值的测定

用酸度计分别测定上述各种浓度的HAc溶液(由稀到浓)的pH值，并记录每份溶液的pH值及测定时的室温(为何要测量室温?)。

2. 半中和法测定HAc和NaAc混合溶液的pH值

1)溶液的配制

用吸量管移取15 mL已知浓度的HAc标准溶液，并计算出中和其一半所需的已知浓度的NaOH标准溶液的用量，用吸量管准确移取，记下总体积V。并测定其pH值。

2)测定缓冲溶液的pH值

用量筒加入等体积(V)的水，将上述混合溶液稀释一倍，再测定其pH值。

五、数据记录及处理

1. HAc溶液的pH值及解离常数

请将相关数据填入表3-6-1中。

表3-6-1　测定HAc溶液数据记录与结果　　室温______℃

实验编号	[HAc]	pH值	$[H^+]$	α	$K_a^\ominus$	$\overline{K_a^\ominus}$
1						
2						
3						
4						

2. HAc和NaAc混合溶液pH值及解离常数

请将相关数据填入表3-6-2中。

表3-6-2　测定HAc和NaAc混合溶液数据记录与结果

溶液编号	[HAc]	$[Ac^-]$	pH值	$[H^+]$	α	$K_a^\ominus$	$\overline{K_a^\ominus}$
1							
2							

【注意事项】

ⅰ. 滴定接近终点时，注意控制终点前的半滴操作。

ⅱ. 酸度计的正确使用及其注意事项参见酸度计的使用方法。

ⅲ. pH 值测定的准确性取决于标准缓冲溶液的准确性。因此,用标准缓冲溶液校正仪器时,一定要将电极用滤纸吸干,避免引入水,用完不要倒掉,要送回原处。

思　考　题

1. 不同浓度的 HAc 溶液的解离度 α 是否相同？为什么？用测定数据说明弱电解质解离度随浓度变化的关系。
2. 测定不同浓度 HAc 溶液的 pH 值时,为什么按由稀到浓的顺序？
3. 使用酸度计时应该注意什么？
4. 测得结果与附录中的标准值进行比较,是否有偏差？如有偏差请说明原因。

实验 7　碘酸铜溶度积的测定

一、实验目的

(1) 了解用光度法测定溶度积的原理和方法。

(2) 练习分光光度计和酸度计的使用。

(3) 掌握沉淀的制备、洗涤和过滤等操作。

二、实验原理

碘酸铜是难溶性强电解质,在其饱和水溶液中,存在着下列平衡：

$$Cu(IO_3)_2 \rightleftharpoons Cu^{2+} + 2IO_3^-$$

在一定温度下,平衡溶液中 Cu^{2+} 浓度与 IO_3^- 浓度平方的乘积是一个常数：

$$K_{sp} = [Cu^{2+}][IO_3^-]^2$$

K_{sp}称为溶度积,它和其他平衡常数一样,不随$[Cu^{2+}]$和$[IO_3^-]$的变化而变化,只随温度的不同而改变。因此,如果能测得在一定温度下饱和 $Cu(IO_3)_2$溶液中的$[Cu^{2+}]$和$[IO_3^-]$,就可以求出该温度下的 K_{sp}。由于新制备的 $Cu(IO_3)_2$固体,在一定温度下,只要形成饱和溶液,溶液中$[IO_3^-]=2[Cu^{2+}]$,故该温度下饱和溶液的溶度积 $K_{sp}=4[Cu^{2+}]^3$。

本实验是通过在一定的温度下,$CuSO_4$和 KIO_3反应制备 $Cu(IO_3)_2$固体,然后将新制得的 $Cu(IO_3)_2$固体溶于水制成饱和溶液。Cu^{2+}和磺基水杨酸[①](H_3R)在 pH＝5 左右时,生成黄绿色磺基水杨酸铜配离子($[CuR]^-$),由于这种配离子对波长 440 nm 的光具有强吸收,而磺基水杨酸本身为无色,Cu^{2+}的浓度很小,几乎不吸收可见光,所以它对光的吸收程度(用吸光度 A 表示)只与有色离子浓度(即溶液浓度)成正比。

由饱和溶液中的 Cu^{2+}与过量磺基水杨酸在 pH 值为 5 左右时作用生成黄绿色磺基水杨酸铜配离子,测定该溶液的吸光度,利用吸光度-铜离子含量工作曲线[②]即可确定出饱和溶液中 Cu^{2+}的含量,进而求出碘酸铜的溶度积 K_{sp}。

三、实验用品

仪器:分光光度计,吸量管(1 mL、10 mL),容量瓶(50 mL),量筒(10 mL),烧杯(50 mL、

100 mL),温度计,加热炉或酒精灯,玻璃漏斗。

药品:$CuSO_4$(0.2 mol·L^{-1}),KIO_3(0.4 mol·L^{-1}),NaOH(0.1 mol·L^{-1}、2 mol·L^{-1}),HNO_3(0.1 mol·L^{-1}、2 mol·L^{-1}),$BaCl_2$(0.1 mol·L^{-1}),铜标准溶液(1 g·L^{-1}),磺基水杨酸(0.05 mol·L^{-1}),标准缓冲溶液(pH=4.00,pH=6.86)。

其他:滤纸,坐标纸。

四、实验步骤

1. $Cu(IO_3)_2$固体的制备

用量筒分别量取0.2 mol·L^{-1}的$CuSO_4$溶液和0.4 mol·L^{-1}的KIO_3溶液各5 mL于100 mL烧杯中进行反应,经搅拌后加热,先析出白色沉淀(碱式碘酸铜),继续加热至白色沉淀溶解,慢慢析出淡蓝色$Cu(IO_3)_2$沉淀,用倾析法除去上层清液,用少量蒸馏水洗涤沉淀至无SO_4^{2-}为止(如何判断?)。

2. $Cu(IO_3)_2$饱和溶液的制备

在上述新制得的$Cu(IO_3)_2$固体中加入80 mL水,均匀搅拌。因为由$Cu(IO_3)_2$固体配制饱和溶液达到平衡很慢(需2~3天),所以将$Cu(IO_3)_2$固体加入水后小火加热10 min,使部分固体溶解,溶液迅速达到过饱和后,冷却至室温,放置1~2 h,使过饱和晶体析出,得到饱和溶液。取其上层清液用干燥的玻璃漏斗过滤,用100 mL干燥烧杯接收(为何要用干燥烧杯?)。

3. 工作曲线的绘制

用吸量管分别吸取1 mL、2 mL、3 mL、4 mL、5 mL铜标准溶液(已配好1 g·L^{-1})于5个50 mL烧杯中,用量筒各加入10 mL 0.05 mol·L^{-1}的磺基水杨酸,然后用酸度计分别以NaOH溶液和HNO_3溶液调至pH=4.5~5.0,把溶液转移到50 mL容量瓶中,用蒸馏水稀释至刻度,摇匀,待测。

在分光光度计上,以蒸馏水作参比溶液,选用1 cm比色皿,在入射光波长为440 nm下,测定上述溶液的吸光度,填入表3-7-1中。以吸光度为纵坐标,相应Cu^{2+}浓度为横坐标,绘制工作曲线。

4. 饱和溶液中Cu^{2+}浓度的测定

用吸量管吸取10.00 mL过滤后的$Cu(IO_3)_2$饱和溶液2份分别放入50 mL烧杯中,各加入10 mL 0.05 mol·L^{-1}的磺基水杨酸,按上述方法和条件调节其pH值为4.5~5.0,用水稀释至刻度。按上述测工作曲线的同样条件测定溶液的吸光度。根据工作曲线和吸光度求出饱和溶液中的Cu^{2+}浓度。

五、数据记录及处理

1. 绘制工作曲线

请将相关数据填入表3-7-1中。

表3-7-1 不同浓度的Cu^{2+}标准溶液的吸光度

实验编号	1	2	3	4	5
V/mL	1	2	3	4	5

续表

实验编号	1	2	3	4	5
$[Cu^{2+}]/(mol \cdot L^{-1})$					
吸光度 A					

以 A 为纵坐标，相应 $[Cu^{2+}]$ 为横坐标，绘制工作曲线。

2. 计算 K_{sp}

请将相关数据填入表 3-7-2 中。

表 3-7-2　实验数据与计算结果

实验编号	取样体积 V/mL	吸光度 A	$[Cu^{2+}]/(g \cdot L^{-1})$	溶度积 K_{sp}
1				
2				

3. 误差分析

将 K_{sp}测定值与理论值比较，说明产生误差的原因。

【注意事项】

ⅰ. 两人一组，测定 2 个 A，2 个 K_{sp}；取 10 mL 溶液时共用同一个移液管。

ⅱ. 制得的饱和溶液过滤时所使用的漏斗、滤纸和烧杯等均应是干燥的，不能引入 H_2O，过滤前不能摇动。

ⅲ. 调节 pH 值时注意：

a. 总量不能超过 50 mL；

b. 先以 NaOH 溶液调节至微变色，再调节 pH 值；

c. 测试 pH 值时不要沾太多溶液。

ⅳ. 空白溶液，即参比溶液只做 1 份即可，取 10 mL 磺基水杨酸，调 pH＝4.5～5.0。

ⅴ. 比色皿中溶液不要装太多，距离上边缘 1 cm，擦干外壁，注意保护比色皿。

ⅵ. 数据处理：从曲线查得 Cu^{2+} 的质量相当于 10 mL 饱和溶液中的 Cu^{2+} 的质量；用坐标纸作图。

思　考　题

1. 以下操作对测定结果有何影响？

(1) 如果 $Cu(IO_3)_2$溶液未达饱和；

(2) 如果制得的 $Cu(IO_3)_2$固体未洗净。

2. 过滤时滤纸透滤对测量结果有何影响？

3. 过滤时滤纸用水湿润或烧杯、漏斗不干燥，对测定结果有何影响？

4. 所用比色皿如果不是 1 cm 的，对测定结果有何影响？

附注

① 磺基水杨酸。

磺基水杨酸简式为 H_3R，随着溶液 pH 值不同，磺基水杨酸与铜离子生成两种有色配合物：当 pH＜5.5

时,主要以黄绿色的$[CuR]^-$形式存在;当 pH>8.5 时,主要以蓝绿色的$[CuR_2]^{4-}$形式存在。

② 工作曲线。

配制一系列磺基水杨酸铜标准溶液,用分光光度计测定该标准系列中各溶液的吸光度,然后以吸光度 A 为纵坐标,相应的 Cu^{2+} 浓度为横坐标作图得到的直线称为工作曲线。

实验 8　氧化还原反应与电极电势

一、实验目的

(1) 掌握电极电势与氧化还原反应的关系。

(2) 了解氧化态(或还原态)物质浓度、酸度变化,配合物(或沉淀)生成对电极电势的影响。

(3) 定性观察浓度、酸度、温度、催化剂对氧化还原反应方向、产物、速率的影响。

(4) 通过实验了解原电池的装置和电池电动势的测定方法。

二、实验原理

在化学反应过程中,元素的原子或离子在反应前后有电子得失或电子对偏移(表现为氧化态的变化)的一类反应,称为氧化还原反应。氧化剂和还原剂的氧化、还原能力强弱,可由其电对的电极电势的相对大小来衡量。一个电对的电极电势的值越大,则氧化态物质的氧化能力越强,氧化态物质是较强的氧化剂,在氧化还原反应中是氧化剂;反之,电极电势的值越小,则还原态物质的还原能力越强,还原态物质为较强的还原剂,在氧化还原反应中是还原剂。

氧化还原反应总是由较强的氧化剂和较强的还原剂相互作用,向着生成较弱的还原剂和较弱的氧化剂方向进行。

氧化还原反应自发进行的方向判断依据为:$E_{正}-E_{负}>0$ 时,氧化还原反应可以正方向进行。故根据电极电势可以判断氧化还原反应的方向。

利用氧化还原反应而产生电流的装置称为原电池。原电池的电动势等于正、负两极的电极电势之差:$E=E_{正}-E_{负}>0$。通常情况下,可直接用标准电极电势($E^{\ominus}$)来比较氧化剂的相对强弱。物质的浓度与电极电势的关系可用能斯特方程来表示,如 298 K 时,电极反应

$$a\,\text{氧化态物质}+n\mathrm{e}^-\!=\!=\!=b\,\text{还原态物质}$$

$$E=E^{\ominus}_{\text{氧化态物质/还原态物质}}+\frac{0.059}{n}\lg\frac{[\text{氧化态物质}]^a}{[\text{还原态物质}]^b}$$

其中“$\frac{[\text{氧化态物质}]^a}{[\text{还原态物质}]_b}$”表示氧化态物质一侧各物质浓度幂次方的乘积与还原态物质一侧各物质浓度幂次方的乘积之比。因此,当氧化态物质或还原态物质的浓度、酸度改变时,则电极电势 E 值必定发生改变,从而引起电极电势 $E_{\text{氧化态物质/还原态物质}}$ 乃至电池电动势 E 的改变,影响氧化剂和还原剂的相对强弱,特别是当有沉淀剂和配合剂存在时,会大大降低溶液中某一离子的浓度,使电极电势发生很大的变化,有的甚至会改变氧化还原反应进行的方向。

准确测定电动势是用对消法在电位计上进行的,需标准电池做参比。本实验只是为了定性进行比较,所以采用伏特计。

三、实验用品

仪器:水浴锅,伏特计,酸度计,试管,烧杯,表面皿,U 形管。

药品：HCl(2 $mol\cdot L^{-1}$，浓)，HNO_3(1 $mol\cdot L^{-1}$，浓)，HAc(3 $mol\cdot L^{-1}$)，H_2SO_4(1 $mol\cdot L^{-1}$，3 $mol\cdot L^{-1}$)，$H_2C_2O_4$(0.1 $mol\cdot L^{-1}$)，NaOH(6 $mol\cdot L^{-1}$，40%)，$NH_3\cdot H_2O$(浓)，$ZnSO_4$(0.5 $mol\cdot L^{-1}$)，$CuSO_4$(0.5 $mol\cdot L^{-1}$)，KCl(饱和)，KBr(0.1 $mol\cdot L^{-1}$)，KI(0.1 $mol\cdot L^{-1}$)，$AgNO_3$(0.1 $mol\cdot L^{-1}$)，$FeCl_3$(0.1 $mol\cdot L^{-1}$)，$Fe_2(SO_4)_3$(0.1 $mol\cdot L^{-1}$)，$FeSO_4$(0.1 $mol\cdot L^{-1}$，1 $mol\cdot L^{-1}$)，$K_2Cr_2O_7$(0.4 $mol\cdot L^{-1}$)，$KMnO_4$(0.01 $mol\cdot L^{-1}$)，Na_2SO_3(0.1 $mol\cdot L^{-1}$)，Na_3AsO_3(0.1 $mol\cdot L^{-1}$)，$MnSO_4$(0.01 $mol\cdot L^{-1}$)，KSCN(0.1 $mol\cdot L^{-1}$)，碘水，溴水，CCl_4，NH_4F固体，$(NH_4)_2S_2O_8$固体，MnO_2固体，锌粒。

其他：琼脂，电极(锌片、铜片、铁片、碳棒)，导线，鳄鱼夹，砂纸，广范 pH 试纸，红色石蕊试纸，淀粉碘化钾试纸。

四、实验步骤

1. 电极电势和氧化还原反应

(1) 在试管中加入 3 滴 0.1 $mol\cdot L^{-1}$的 KI 溶液和 3 滴 0.1 $mol\cdot L^{-1}$的 $FeCl_3$溶液，混合均匀后加入 5 滴 CCl_4，充分振荡并观察 CCl_4层颜色，有什么变化？

(2) 用 0.1 $mol\cdot L^{-1}$的 KBr 溶液代替 KI 溶液，进行同样实验，观察 CCl_4层，有无 Br_2的橙红色？

(3) 分别用 4 滴溴水和碘水同 2 滴 0.1 $mol\cdot L^{-1}$的 $FeSO_4$溶液作用，观察，溶液颜色有什么变化？再加入 1 滴 0.1 $mol\cdot L^{-1}$的 KSCN 溶液，溶液颜色又有何变化？

根据上面的实验事实，定性比较 Br_2/Br^-、I_2/I^-和 Fe^{3+}/Fe^{2+}三个电对的电极电势的相对高低，指出哪个物质是最强的氧化剂，哪个物质是最强的还原剂，并说明电极电势和氧化还原反应的关系。

2. 反应物浓度、酸度对电极电势的影响

1) 浓度的影响

① 取两只 50 mL 烧杯，分别加入 15 mL 0.05 $mol\cdot L^{-1}$的 $ZnSO_4$溶液和 15 mL 0.05 $mol\cdot L^{-1}$的 $CuSO_4$溶液，按图 3-8-1 安装实验装置，在 $ZnSO_4$溶液中插入 Zn 片，在 $CuSO_4$溶液中插入 Cu 片，用导线将 Zn 片和 Cu 片分别与伏特计的负极和正极相连，再用盐桥[①]连通两个烧杯溶液，测量电动势。

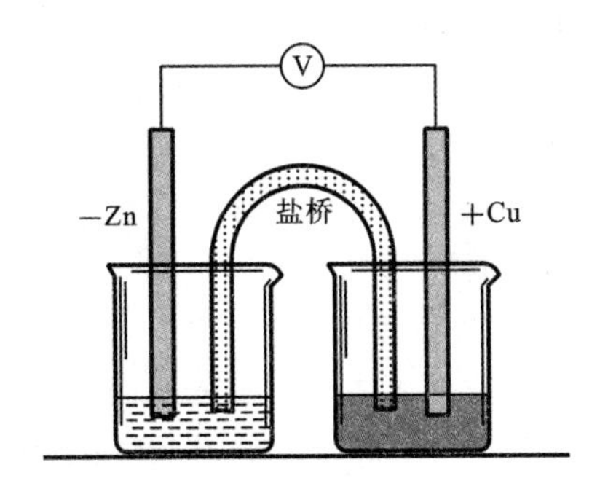

图 3-8-1　原电池

② 取出盐桥，在 $CuSO_4$溶液中滴加浓 $NH_3\cdot H_2O$并不断搅拌，至生成的沉淀溶解而形成深蓝色溶液，放入盐桥，观察伏特计有何变化。利用能斯特方程解释实验现象。

$$2CuSO_4+2NH_3\cdot H_2O=\!=\!=Cu_2(OH)_2SO_4+(NH_4)_2SO_4$$

$$Cu_2(OH)_2SO_4+8NH_3=\!=\!=2[Cu(NH_3)_4]^{2+}+SO_4^{2-}+2OH^-$$

③ 再取出盐桥，在 $ZnSO_4$溶液中加浓 $NH_3\cdot H_2O$并不断搅拌，至生成的沉淀完全溶解后，放入盐桥，观察伏特计有何变化。利用能斯特方程解释实验现象。

$$ZnSO_4+2NH_3\cdot H_2O=\!=\!=Zn(OH)_2+(NH_4)_2SO_4$$

$$Zn(OH)_2+4NH_3=\!=\!=[Zn(NH_3)_4]^{2+}+2OH^-$$

2）酸度的影响

① 取两只 50 mL 烧杯，在一只烧杯中注入 15 mL 1 mol · L^{-1} 的 $FeSO_4$ 溶液，插入 Fe 片，另一只烧杯中注入 15 mL 0.4 mol · L^{-1} 的 $K_2Cr_2O_7$ 溶液，插入碳棒。将 Fe 片和碳棒通过导线分别与伏特计的负极、正极相连，两烧杯溶液用另一个盐桥连通，测量其电动势。

② 往盛有 $K_2Cr_2O_7$ 溶液的烧杯中慢慢加入 1 mol · L^{-1} 的 H_2SO_4 溶液，观察电压，有何变化？再往 $K_2Cr_2O_7$ 溶液中逐滴加入 6 mol · L^{-1} 的 NaOH 溶液，电压又有什么变化？

3. 反应物浓度和溶液酸度对氧化还原产物的影响

① 取两支试管，各盛一粒锌粒，分别注入 10 滴浓 HNO_3 和 1 mol · L^{-1} 的 HNO_3 溶液，观察所发生的现象。写出有关反应式。浓 HNO_3 被还原后的主要产物可通过观察生成气体的颜色来判断。稀 HNO_3 的还原产物可用气室法检验②溶液中是否有 NH_4^+ 生成。

② 在 3 支试管中，各加入 5 滴 0.1 mol · L^{-1} 的 Na_2SO_3 溶液，再分别加入 3 mol · L^{-1} 的 H_2SO_4 溶液、蒸馏水、6 mol · L^{-1} 的 NaOH 溶液各 2 滴，摇匀后，再往 3 支试管中加入 3 滴 0.01 mol · L^{-1} 的 $KMnO_4$ 溶液。然后观察反应产物，有什么不同？并写出有关反应式。

4. 反应物浓度对氧化还原反应方向的影响

(1) 在一支试管中依次加入 H_2O、CCl_4 和 0.1 mol · L^{-1} 的 $Fe_2(SO_4)_3$ 溶液各 8 滴，摇匀后，再加入 5 滴 0.1 mol · L^{-1} 的 KI 溶液，振荡后观察 CCl_4 层的颜色。

(2) 另取一支试管依次加入 CCl_4、0.1 mol · L^{-1} 的 $FeSO_4$ 溶液、0.1 mol · L^{-1} 的 $Fe_2(SO_4)_3$ 溶液各 8 滴，摇匀后，再加入 5 滴 0.1 mol · L^{-1} 的 KI 溶液，振荡后观察 CCl_4 层的颜色，与上一实验中 CCl_4 层颜色有何区别？

(3) 在上述两支试管中各加入少量 NH_4F 固体，振荡后，再观察 CCl_4 层的颜色的变化。

5. 溶液酸度、温度和催化剂对氧化还原反应速率的影响

1）酸度的影响

在两支各盛 5 滴 0.1 mol · L^{-1} 的 KBr 溶液的试管中，分别加入 3 滴 3 mol · L^{-1} 的 H_2SO_4 溶液和 3 mol · L^{-1} 的 HAc 溶液，然后往两支试管中各加入 2 滴 0.01 mol · L^{-1} 的 $KMnO_4$ 溶液。观察并比较两支试管中紫红色褪色的快慢。写出离子反应式，并解释其原因。

在两支试管中分别加入 1 mL 浓 HCl 和 2 mol · L^{-1} 的 HCl 溶液，再各加入少量 MnO_2 固体，用淀粉碘化钾试纸检验反应生成的气体，观察现象，并写出离子反应式。

2）温度的影响

在两支试管中分别加入 5 滴 0.1 mol · L^{-1} 的 $H_2C_2O_4$ 溶液，3 滴 1 mol · L^{-1} 的 H_2SO_4 溶液和 2 滴 0.01 mol · L^{-1} 的 $KMnO_4$ 溶液，摇匀，然后将其中一支试管放入 80 ℃ 的水浴中加热，另一支不加热，观察两支试管褪色的快慢。写出离子反应式，并解释原因。

3）催化剂的影响

在两支试管中分别加入 2 滴 0.01 mol · L^{-1} 的 $MnSO_4$ 溶液、1 mL 1 mol · L^{-1} 的 H_2SO_4 溶液和少许 $(NH_4)_2S_2O_8$ 固体，振摇，使其溶解。然后往一支试管中加入 2 滴 0.1 mol · L^{-1} 的 $AgNO_3$ 溶液，另一支不加，水浴持续加热，试比较两支试管的反应现象，有什么不同？并说明原因。

【注意事项】

ⅰ. 为了减少接触不良引起伏特计读数误差，电极 Cu 片、Zn 片、导线头及鳄鱼夹等必须用砂纸打磨干净。原电池的正极应接在 3 V 处。

ⅱ. $FeSO_4$溶液和Na_2SO_3溶液必须是新配制的。

ⅲ. 往试管中加入锌粒时，为防止锌粒直接将试管冲坏，要将试管倾斜，让锌粒沿容器内壁滑到底部。

思　考　题

1. 通过实验，归纳出影响电极电势的因素有哪些，它们是怎样影响的？
2. 为什么$K_2Cr_2O_7$能氧化浓 HCl 中的Cl^-，而不能氧化浓度比 HCl 大得多的 NaCl 浓溶液中的Cl^-？
3. 为什么稀 HCl 不能与MnO_2反应，而浓 HCl 则可与MnO_2反应？
4. 两电对的标准电极电势值相差越大，反应是否进行得越快？能否用实验证明此推论？
5. 原电池中的盐桥有何作用？

附注

① 盐桥的制法。

a. 称取 1 g 琼脂，放在 100 mL 饱和 KCl 溶液中浸泡一会儿，加热煮成糊状，趁热倒入 U 形玻璃管中，冷却后即成，注意里面不能留有气泡。

b. 取饱和 KCl 溶液，缓慢滴加到 U 形玻璃管中，加满，U 形玻璃管两端口用脱脂棉堵塞即成。U 形玻璃管两端口用脱脂棉堵塞是防止 KCl 溶液因虹吸而流失和产生气泡。

② 气室法检验NH_4^+。

气室法检验NH_4^+时，用干燥、洁净的表面皿两块（大小各一），将 5 滴被检溶液滴入较大的一个表面皿中，再加 3 滴 40%的 NaOH 溶液混匀。在较小的一块表面皿中心黏附一小条潮湿的红色石蕊（或酚酞）试纸，把它盖在大的表面皿上做成气室。将此气室放在水浴上微热 2 min，若石蕊试纸变蓝色（或酚酞变红），则表示有NH_4^+存在。这是NH_4^+的特征反应，灵敏度达 0.05 ～1 $\mu g \cdot g^{-1}$。

实验 9　由胆矾精制五水硫酸铜

一、实验目的

（1）掌握电子天平的使用方法。

（2）了解结晶过程的基本知识。

（3）掌握结晶与重结晶提纯物质的原理和方法。

（4）掌握固体的加热溶解、水浴蒸发浓缩、结晶与重结晶的基本操作。

（5）复习常压过滤、减压过滤。

二、实验原理

本实验是以工业硫酸铜（俗名胆矾）为原料，精制五水硫酸铜。工业硫酸铜中含有不溶性杂质及Fe^{3+}、Fe^{2+}和Cl^-等可溶性杂质。不溶性杂质可过滤除去。可溶性杂质由于其含量较少，在结晶和重结晶过程中则留在母液中。水浴蒸发浓缩$CuSO_4$溶液时，当溶液的浓度大于该温度下溶液的饱和浓度时，则会析出晶体。当采用水浴蒸发浓缩和不断搅拌时，溶液表面的蒸发作用导致其浓度较大、温度较低而结晶，逐渐形成一层晶膜。冷却此溶液，会有大量的晶体析出，从而达到分离和提纯的目的。

重结晶是根据$CuSO_4 \cdot 5H_2O$的溶解度随温度升高而增大的性质，在近沸时将晶体溶解至近饱和溶液,然后在室温下冷却析出晶体的过程。它使夹杂在晶体中的杂质留在母液中,从而得到较纯的 $CuSO_4 \cdot 5H_2O$ 晶体。$CuSO_4 \cdot 5H_2O$ 在不同温度下的溶解度见表 3-9-1。

表 3-9-1　$CuSO_4 \cdot 5H_2O$ 在不同温度下的溶解度

温度/℃	0	10	20	30	40	50	60	80	100
溶解度/[g/100 g(H_2O)]	14.3	17.4	20.7	25.0	28.5	33.3	40.0	55.0	75.4

三、实验用品

仪器:电子天平,电炉,循环水真空泵,烧杯(100 mL,500 mL),玻璃棒,蒸发皿,量筒(100 mL、10 mL),玻璃漏斗(短颈),布氏漏斗,抽滤瓶。

药品:工业硫酸铜,H_2SO_4(3 mol · L^{-1}),乙醇(95%)。

其他:滤纸,称量纸。

四、实验内容

1. 胆矾中不溶性杂质的去除

称取 20.0 g 胆矾于烧杯中,加入 40 mL 水,加热、搅拌至充分溶解,趁热过滤除去不溶性杂质。

2. $CuSO_4 \cdot 5H_2O$ 的结晶提纯

将滤液转入蒸发皿内,加入 2～3 滴 3 mol · L^{-1} H_2SO_4 使溶液酸化。水浴蒸发浓缩至溶液表面形成薄层晶膜(过饱和,注意观察现象),冷却至室温,减压过滤,得到粗硫酸铜晶体,称重,量取母液体积并回收、另存备用。

3. $CuSO_4 \cdot 5H_2O$ 的重结晶提纯

取 0.5 g 粗硫酸铜晶体留作鉴别比较。其余粗硫酸铜晶体转入小烧杯中,按每克粗硫酸铜晶体加入 1 mL 水的比例分批加入去离子水(先加入用水总体积的 80%),再滴加 7～8 滴 3 mol · L^{-1} H_2SO_4,加热近沸腾,若晶体溶解不完全,再逐滴加入水(剩余的 20%水)至沸腾时晶体刚好全部溶解(若发现有不溶物,则需再次热过滤)。溶液冷却至室温后减压过滤。取出晶体、晾干、称量并计算产率。量取母液的体积并回收产品。

五、讨论

(1) 通过比较胆矾、粗硫酸铜、提纯的硫酸铜晶体说明提纯效果。

(2) 通过比较胆矾溶液(取少量胆矾溶于水)与粗硫酸铜、提纯的硫酸铜母液的颜色,说明提纯效果。

(3) 计算产率(分别以工业硫酸铜(胆矾)为原料计算结晶提纯的粗硫酸铜产率,以粗硫酸铜计算重结晶产率),进行物料总平衡计算,说明产率低的原因。

【注意事项】

ⅰ. 水浴蒸发浓缩要慢,搅拌可加快蒸发,在中后期不能搅拌,否则不易控制晶膜。

ⅱ. 浓缩至刚好有一层晶膜即可。

ⅲ. 可用冷水冷却以加快结晶速度。

思　考　题

1. 结晶与重结晶分离提纯物质的依据是什么？如果被提纯物质是 NaCl 而不是 $CuSO_4 \cdot 5H_2O$，实验操作上有何区别？
2. 结晶与重结晶有何联系和区别？实验操作上有何不同？为什么？
3. 水浴浓缩速度较慢，开始时可以搅拌加速蒸发，但临近结晶时能否这样做？
4. 如果室温较低，可采取什么措施使热过滤顺利进行？
5. 浓缩和重结晶过程为何要加入少量 H_2SO_4？
6. 沉淀物未能铺满布氏漏斗底部、滤饼出现裂缝、沉淀层疏松不实，对抽滤效果有什么影响？为什么？如何使沉淀抽滤得更彻底？

实验 10　硫酸亚铁铵的制备及纯度分析

一、实验目的

(1) 制备复盐[①]硫酸亚铁铵，了解复盐的特性及其制备方法。

(2) 掌握无机制备的基本操作，如水浴加热、常压过滤、减压过滤、蒸发浓缩、结晶等。

(3) 了解目视比色法[②]检验产品中微量杂质的分析方法。

(4) 了解复盐、目视比色法、限量分析法[③]的基本概念。

二、实验原理

硫酸亚铁铵[$(NH_4)_2SO_4 \cdot FeSO_4 \cdot 6H_2O$]又称莫尔(Mohr)盐，是一种复盐。它是淡蓝绿色单斜晶体，溶于水，但不溶于乙醇，在空气中比一般亚铁盐稳定，不易被氧化，常作为 Fe^{2+} 试剂使用。

和其他复盐类似，在一定温度下，硫酸亚铁铵在水中的溶解度比组成它的两种简单盐($FeSO_4$和$(NH_4)_2SO_4$)的溶解度都要小(表 3-10-1)，因此浓缩 $FeSO_4$和$(NH_4)_2SO_4$溶于水所制得的混合溶液，很容易得到结晶的莫尔盐。

本实验先将铁屑溶于稀硫酸中得到 $FeSO_4$溶液：

$$Fe + H_2SO_4 = FeSO_4 + H_2\uparrow$$

等物质的量的 $FeSO_4$和$(NH_4)_2SO_4$生成溶解度较小的硫酸亚铁铵复盐晶体。

$$FeSO_4 + (NH_4)_2SO_4 + 6H_2O = (NH_4)_2SO_4 \cdot FeSO_4 \cdot 6H_2O$$

硫酸亚铁、硫酸铵和莫尔盐在水中的溶解度列于表3-10-1。

表 3-10-1　不同温度下三种盐的溶解度　单位：[g/100 g(H_2O)]

盐 \ 温度/℃	0	10	20	30	40	50	60	70	80	90	100
$FeSO_4 \cdot 7H_2O$	28.8	40.0	48.0	60.0	73.3	—	100.7	—	79.9	—	57.8
$(NH_4)_2SO_4$	70.6	73.0	75.4	78.0	81.0	84.5	88.0	91.9	95.3	98.0	103.0
$(NH_4)_2SO_4 \cdot FeSO_4 \cdot 6H_2O$	17.8	18.1	21.2	24.5	—	31.3	—	38.5	—	—	—

目视比色法是确定产品杂质含量的一种常用方法。根据杂质含量就能确定产品的级别。硫酸亚铁铵产品的主要杂质是 Fe^{3+},可用限量分析法粗略估计其含量。Fe^{3+} 与 KSCN 作用,有

$$Fe^{3+} + nSCN^- \xlongequal{\quad} \underset{\text{(血红色)}}{[Fe(SCN)_n]^{3-n}}$$

其颜色深浅与 Fe^{3+} 的量有关。将产品和 KSCN 配成溶液,与标准溶液进行比色以确定产品杂质 Fe^{3+} 的含量范围和级别。

三、实验用品

仪器:台秤,锥形瓶,电炉,减压过滤装置,蒸发皿,比色管,烧杯,量筒(10 mL,100 mL),恒温水浴锅,表面皿。

药品:Na_2CO_3(5%),KSCN(25%),Fe^{3+} 标准溶液④,H_2SO_4(2 mol·L^{-1}),HCl(3 mol·L^{-1}),$(NH_4)_2SO_4$ 固体,铁屑,乙醇(95%)。

其他:广范 pH 试纸,滤纸。

四、实验步骤

1. 铁屑的净化

用台秤称取 2 g 铁屑,放在锥形瓶中,加入约 20 mL 5%的 Na_2CO_3 溶液,加热煮沸 5 min 以除去铁屑上的油污。用倾析法去掉碱液后,用自来水洗涤 3 次,再用蒸馏水洗涤 3 次,以确保铁屑上残留的 Na_2CO_3 被洗净。

2. 硫酸亚铁的制备

往锥形瓶内加入 30 mL 2 mol·L^{-1} 的稀硫酸,置于恒温水浴锅中,设置温度为 70 ℃,待反应基本完全(产生氢气泡很少,约 30 min)后,趁热减压过滤(使用双层滤纸),滤液转移到蒸发皿中。将留在锥形瓶和滤纸上的残渣烘干,称重,计算实际参加反应铁屑的质量。

3. 硫酸亚铁铵复盐的生成

根据反应的铁屑质量算出所需 $(NH_4)_2SO_4$ 固体的质量,将其加入硫酸亚铁溶液中,搅拌至全部溶解后(必要时加少量水),用烧杯水浴加热、蒸发、浓缩至表面开始出现晶膜为止(此时不宜再搅拌,也不要将溶液蒸发掉太多水分)。自然冷却到室温后减压过滤。将晶体从布氏漏斗中取出,置于表面皿上晾干(也可以用干净的滤纸轻压晶体,以吸去部分水分),即得硫酸亚铁铵晶体,称重,计算产率。

4. 三价铁的限量分析

称取 1 g 硫酸亚铁铵晶体,加入 15 mL 不含氧的蒸馏水(蒸馏水煮沸几分钟后冷却至室温即得)溶解,再加 2 mL 3 mol·L^{-1} 的 HCl 溶液和 1 mL 25%的 KSCN 溶液,最后用不含氧的蒸馏水稀释至 25 mL。摇匀,与标准溶液进行目视比色,确定产品等级。

五、数据记录及处理

(1) 产品的外观________________。

(2) 利用实际参加反应 Fe 的质量,根据化学方程式计算出莫尔盐的理论产量,求出产率。公式如下:

$$产率=\frac{实际产量}{理论产量}\times 100\%$$

请将相关数据填入表 3-10-2 中。

表 3-10-2　实验数据与处理结果表

实际参加反应的铁屑质量/g	加入$(NH_4)_2SO_4$固体的质量/g	$(NH_4)_2SO_4\cdot FeSO_4\cdot 6H_2O$			
		理论产量/g	实际产量/g	产率/(%)	产品等级

【注意事项】

ⅰ. 若实验采用分析纯的铁粉，可以省去实验步骤 1(铁屑的净化)。

ⅱ. 含杂质的铁屑与稀硫酸反应放出大量有毒气体(H_2S、PH_3等)，实验需在通风橱中进行。

ⅲ. 加热过程中，戴好手套，防止烫伤。

ⅳ. 铁屑上残留的碱液一定要洗净。

ⅴ. 硫酸亚铁溶液应迅速转入蒸发皿中，以防止溶液在吸滤瓶中冷却而析出硫酸亚铁晶体，导致损失。

ⅵ. 蒸发浓缩初期要搅拌，但要注意观察晶膜，晶膜出现后立即停止搅拌，冷却后可结晶得到颗粒较大或块状的晶体。

ⅶ. $(NH_4)_2SO_4\cdot FeSO_4\cdot 6H_2O$ 晶体用无水酒精洗涤 2～3 次，用滤纸吸干，不能用蒸馏水或母液洗涤晶体。

ⅷ. 由于铁屑中含有少量金属杂质，产生的氢气中通常会含有一定量难闻、有毒的气体，因此在做该实验的时候要特别注意通风，最好在通风橱中进行，或者将有毒尾气通过尾气吸收装置后再排放。

思　考　题

1. 为什么必须将铁屑表面残留的碱液洗净?
2. 在制备硫酸亚铁时，为什么必须保持溶液呈酸性? 为什么要趁热减压过滤?
3. 在配制硫酸亚铁铵溶液时，为什么必须用不含氧的蒸馏水?
4. 蒸发浓缩硫酸亚铁铵时，为何采取水浴加热? 又为何蒸发到后期不宜搅拌?
5. 冷却结晶的快慢对产品质量有何影响?

附注

① 复盐。

复盐是由两种或两种以上的简单盐类组成的同晶型化合物，复盐又叫重盐。复盐中含有大小相近、适合相同晶格的一些离子。例如，明矾[$KAl(SO_4)_2\cdot 12H_2O$]、铁钾矾[$KFe(SO_4)_2\cdot 12H_2O$]。复盐溶于水时解离出的离子，跟组成它的简单盐解离出的离子相同。使两种简单盐的混合饱和溶液结晶，可以制得复盐。

② 目视比色法。

用肉眼比较溶液颜色深浅以测定物质含量的方法，称为目视比色法。常用的目视比色法是标准系列法。其方法是使用一套由同种材料制成的、大小形状相同的平底玻璃管(比色管)，其中分别加入一系列不同浓度的标准溶液和待测溶液，在实验条件相同的情况下，再加入等量的显色剂和其他试剂，稀释至一定体积摇匀，然后从管口垂直向下观察，比较待测溶液与标准溶液颜色的深浅。若待测溶液与某一标准溶液颜色深度一致,则说明两者浓度相等;若待测溶液颜色介于两标准溶液之间,则取其算术平均值作为待测溶液的浓度。

③ 限量分析法。

生产化学试剂的单位,必须检验试剂的含量,进行各种杂质的限量分析。试剂的含量用定量分析法确定。各种杂质的限量分析是将成品按国家标准配成溶液,与各种标准溶液进行比色或比浊,以确定杂质的含量范围。如果成品溶液的颜色或浊度不深于标准溶液,则认为杂质含量低于某一规定的限度,所以这种分析方法又叫限量分析法。

④ Fe^{3+}标准溶液的配制和试剂的级别。

先配制浓度为0.01 mg · mL^{-1}的Fe^{3+}标准溶液。用移液管取5 mL Fe^{3+}溶液于比色管中,加2 mL 3 mol · L^{-1}的HCl溶液和1 mL 25%的KSCN溶液,用不含氧蒸馏水稀释到25 mL,摇匀,得到一级(优级纯)试剂标准溶液,其中含Fe^{3+} 0.05 mg。同样,若取10 mL、20 mL的Fe^{3+}标准溶液,可配成二级(分析纯)、三级(化学纯)试剂标准溶液,其中含Fe^{3+}分别为0.10 mg、0.20 mg。

实验11　硫代硫酸钠的制备

一、实验目的

(1) 了解硫代硫酸钠的制备方法。

(2) 学习硫代硫酸根的定性鉴定方法。

二、实验原理

硫代硫酸钠用途广泛,在分析化学中常用来定量测定碘,在纺织工业和造纸业中用作脱氯剂,摄影业中用作定影剂,医药中用作急救解毒剂。

亚硫酸钠溶液在沸腾条件下与硫粉化合,可制得硫代硫酸钠。反应方程式如下:

$$Na_2SO_3 + S \xlongequal{\triangle} Na_2S_2O_3$$

常温下从溶液中结晶出来的硫代硫酸钠为$Na_2S_2O_3 \cdot 5H_2O$。

$$Na_2S_2O_3 + 5H_2O = Na_2S_2O_3 \cdot 5H_2O$$

三、实验用品

仪器:比色管(25 mL),烧杯,研钵,量筒,电炉,玻璃棒,蒸发皿,抽滤瓶,布氏漏斗。

药品:$Na_2S_2O_3 \cdot 5H_2O(s)$,硫粉,$AgNO_3$(0.1 mol · L^{-1}),乙醇。

其他:滤纸。

四、实验步骤

1. 硫代硫酸钠的制备

称取2 g研碎的硫粉置于100 mL烧杯中,加入1 mL乙醇使其润湿,再加入6 g$Na_2SO_3 \cdot 5H_2O(s)$和30 mL水,加热,搅拌。待溶液沸腾后小火加热,在不断搅拌下保持沸腾状态不少于40分钟,直至剩余少许硫粉悬浮在溶液中(此时溶液体积不应少于20 mL,若太少可加水补充)。趁热过滤,滤液转移至蒸发皿中,水浴加热,蒸发滤液至有微黄色混浊为止。冷却至室温,即有大量晶体析出(若冷却时间较长而无晶体析出,可搅拌或投入一粒硫代硫酸钠晶体促使晶体析出)。减压过滤,并用少量乙醇洗涤晶体,抽干,用吸水纸吸干,称量,计算产率。

2. 产品的定性检验

取一小粒产品于比色管中，加蒸馏水使其溶解，然后再滴入 0.1 mol·L^{-1} $AgNO_3$ 溶液，观察沉淀的生成及颜色变化，写出反应方程式。

思　考　题

1. 欲提高 $Na_2S_2O_3$ 的产率和纯度，实验中需注意哪些问题？
2. 过滤所得晶体为什么要用乙醇洗涤？
3. 所得晶体一般只能在 40～50 ℃烘干，若温度过高，会有什么后果？

实验 12　三价铬配合物的制备和分裂能的测定

一、实验目的

(1) 学习铬(Ⅲ)配合物的制备方法。

(2) 学习用光度法测定配合物的分裂能，学习配合物电子光谱的测定与绘制。

(3) 加深理解不同配体对配合物中心离子 d 轨道分裂能的影响。

(4) 进一步练习分光光度计的使用。

二、实验原理

过渡金属离子形成配合物时，在配体场的作用下，金属离子的 d 轨道发生能级分裂。由于 5 个简并的 d 轨道空间伸展方向不同，因而受配体场的影响情况各不相同，在不同配体场的作用下，d 轨道的分裂形式和分裂后轨道间的能量差也不同。在八面体场的作用下，d 轨道分裂为两个能量较高的 e_g 轨道和三个能量较低的 t_{2g} 轨道，如图 3-12-1 所示。

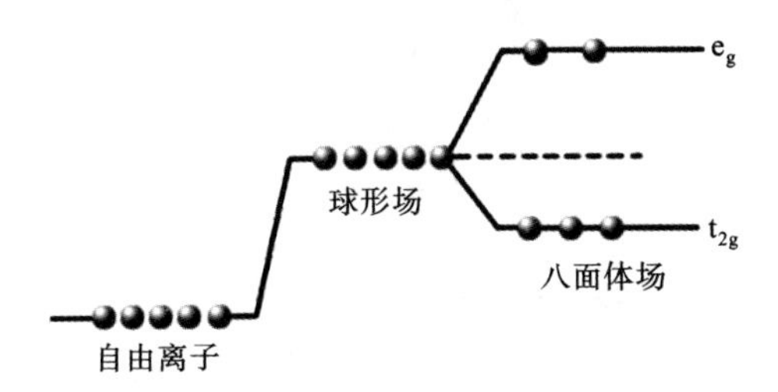

图 3-12-1　过渡金属离子形成配合物的原理

分裂后的 e_g 和 t_{2g} 轨道间的能量差称为分裂能，用 Δ_0 表示。Δ_0 值的大小受中心离子的电荷、周期数、配体性质等因素的影响。当中心离子相同配体不同时，Δ_0 值随配体的不同而不同，其大小顺序为

$$I^- < Br^- < Cl^- < S^{2-} < SCN^- < NO_3^- < F^- < OH^-, ONO^- < C_2O_4^{2-} <$$
$$H_2O < NCS^- < EDTA < NH_3 < en < SO_3^{2-} < NO_2^- < CN^-, CO$$

上述 Δ_0 值的次序称为光谱化学序。

配合物的 Δ_0 可通过测定其电子光谱求得。中心离子的价层电子构型为 d^1～d^9 的配离子，由于 d 轨道没有充满，电子吸收相当于分裂能 Δ_0 的能量在 e_g 和 t_{2g} 轨道之间发生电子跃迁(d-d 跃迁)。用分光光度计在不同波长下测定配合物溶液的吸光度，以吸光度对波长作图即得配合

物的电子光谱。电子光谱上最大吸收峰所对应的波长即为 d-d 跃迁所吸收光能的波长，由波长可计算出分裂能的大小：

$$\Delta_0=\frac{1}{\lambda}\times10^7$$

其中 λ 的单位为 nm，Δ_0 的单位为 cm^{-1}。

不同 d 电子及不同构型的配合物的电子光谱是不同的，因此计算 Δ_0 的方法也各不相同。例如在八面体场中，配离子的中心离子的电子数为 d^1、d^4、d^6、d^9，其吸收光谱只有一个简单的吸收峰，根据此吸收峰位置的波长，计算 Δ_0 值；中心离子的电子数为 d^2、d^3、d^7、d^8，其吸收光谱应该有三个吸收峰，但实验中往往只能测得两个明显的吸收峰，第三个吸收峰被强烈的电荷迁移所覆盖。d^3、d^8 电子构型由吸收光谱中最大波长的吸收峰位置的波长，计算 Δ_0 值；d^2、d^7 电子构型由吸收光谱中最大波长的吸收峰和最小波长的吸收峰之间的波长差，计算 Δ_0 值。

三、实验用品

仪器：紫外-可见分光光度计，分析天平，烘箱，减压过滤装置，研钵，蒸发皿，烧杯(50 mL，100 mL)，量筒(10 mL)，表面皿。

药品：$K_2Cr_2O_7$ 固体，$K_2C_2O_4$ 固体，$H_2C_2O_4\cdot2H_2O$ 固体，$CrCl_3\cdot6H_2O$ 固体，$KCr(SO_4)_2\cdot12H_2O$ 固体，EDTA 固体，丙酮。

其他：坐标纸。

四、实验步骤

1. Cr(Ⅲ)配合物的制备与溶液的配制

1) $[Cr(C_2O_4)_3]^{3-}$ 溶液

将 0.5 g 研细的 $K_2Cr_2O_7$ 固体溶于 10 mL 蒸馏水中，加热使其溶解，再将 0.6 g 和 1.2 g $H_2C_2O_4\cdot2H_2O$ 固体分步加入其中，不断搅拌，待反应完毕后，将溶液转至蒸发皿中，蒸发溶液使晶体析出，冷却，得到暗绿色的 $K_3[Cr(C_2O_4)_3]\cdot3H_2O$ 晶体，用丙酮洗涤晶体，吸滤，105～110 ℃下烘干。

再称取 0.1 g 烘干后的 $K_3[Cr(C_2O_4)_3]\cdot3H_2O$ 晶体，溶于 50 mL 蒸馏水中，制得 $[Cr(C_2O_4)_3]^{3-}$ 溶液。

2) $[CrY]^-$ 溶液

称取约 0.14 g EDTA 固体于小烧杯中，加入约 50 mL 蒸馏水，加热溶解后加入约 0.1 g $CrCl_3\cdot6H_2O$ 固体，搅拌，稍加热，得紫色的 $[CrY]^-$ 溶液。

3) $[Cr(H_2O)_6]^{3+}$ 溶液

称取 0.4 g $KCr(SO_4)_2\cdot12H_2O$ 固体，溶于 20 mL 蒸馏水中，搅拌，加热至沸，冷却后加水稀释至约 50 mL，即得 $[Cr(H_2O)_6]^{3+}$ 溶液。

2. 配合物电子光谱的测定

以蒸馏水为参比溶液，比色皿的厚度为 1 cm。在 360～700 nm 波长范围内，测定上述三种配合物溶液的吸光度 A。每隔 10 nm 测一组数据，在各配合物溶液的最大 A 值附近，可适当缩小波长间隔，增加测定数据。

五、数据记录及处理

(1) 不同波长下各配合物的吸光度。

请将相关数据填入表 3-12-1 中。

表 3-12-1　吸光度数据记录

λ/nm	$[Cr(C_2O_4)_3]^{3-}$	$[Cr(H_2O)_6]^{3+}$	$[CrY]^-$
360			
370			
⋮			
700			

(2) 以波长 λ 为横坐标，吸光度 A 为纵坐标作图，得各配合物的电子光谱。

(3) 从电子光谱上确定最大吸收峰所对应的最大吸收波长 λ_{max}，计算各配合物的晶体场分裂能 Δ_0，并与理论值比较。

思　考　题

1. 实验中配合物的浓度是否影响 Δ_0 值？
2. 晶体场分裂能的大小与哪些因素有关？
3. 写出 $C_2O_4^{2-}$、H_2O、EDTA 在光谱化学序中的先后顺序。

实验 13　银氨配离子配位数及稳定常数的测定

一、实验目的

(1) 应用配位平衡和溶度积规则测定 $[Ag(NH_3)_n]^+$ 的配位数和稳定常数。

(2) 进一步熟练掌握数据处理和作图方法。

二、实验原理

在 $AgNO_3$ 溶液中加入过量氨水，有稳定的 $[Ag(NH_3)_n]^+$ 生成：

$$Ag^+(aq) + n\,NH_3(aq) \rightleftharpoons [Ag(NH_3)_n]^+(aq)$$

$$K_f^\ominus = \frac{[[Ag(NH_3)_n]^+]}{[Ag^+][NH_3]^n} \tag{3-13-1}$$

再往溶液中逐滴滴加 KBr 溶液，直到溶液中刚出现淡黄色的 AgBr 沉淀：

$$AgBr(s) \rightleftharpoons Ag^+(aq) + Br^-(aq)$$

$$K_{sp}^\ominus = [Ag^+][Br^-] \tag{3-13-2}$$

总的化学平衡为

$$[Ag(NH_3)_n]^+(aq) + Br^-(aq) \rightleftharpoons AgBr(s) + n\,NH_3(aq)$$

$$K^\ominus = \frac{[NH_3]^n}{[[Ag(NH_3)_n]^+][Br^-]} = \frac{1}{K_f^\ominus K_{sp}^\ominus} \tag{3-13-3}$$

当氨水大大过量时，生成最高配位数的配离子 $[Ag(NH_3)_n]^+$ 和 AgBr 沉淀，没有其他副反应发生。

每份混合溶液中最初的 $AgNO_3$ 的体积 V_{Ag^+} 均相同，初始浓度为 c_{0,Ag^+}。加入的氨水又大

大过量，所以达到竞争平衡时有

$$[[Ag(NH_3)_n]^+]=\frac{c_{0,Ag^+}V_{Ag^+}}{V_{总}}$$

$$[NH_3]=\frac{c_{0,NH_3}V_{NH_3}}{V_{总}}-n[[Ag(NH_3)_n]^+]\approx\frac{c_{0,NH_3}V_{NH_3}}{V_{总}}$$

滴加 KBr 溶液到有淡黄色沉淀出现时：

$$c_{Br^-}=\frac{c_{0,KBr}V_{KBr}}{V_{总}}$$

$$V_{总}=V_{AgNO_3}+V_{NH_3}+V_{KBr}+V_{H_2O}$$

由式(3-13-3)得　　$$[NH_3]^nK_f^{\ominus}K_{sp}^{\ominus}=[[Ag(NH_3)_n]^+][Br^-]$$

两边取对数，得　　$$\lg([[Ag(NH_3)_n]^+][Br^-])=n\lg[NH_3]+\lg(K_f^{\ominus}K_{sp}^{\ominus})\qquad(3\text{-}13\text{-}4)$$

以 $\lg[NH_3]$为横坐标，$\lg([[Ag(NH_3)_n]^+][Br^-])$为纵坐标作图，直线的斜率即为配位数 n，截距为 $\lg(K_f^{\ominus}K_{sp}^{\ominus})$，求得配合物的稳定常数 $K_f^{\ominus}$。

三、实验用品

仪器：锥形瓶(7 个)，吸量管(10 mL，20 mL)，量筒(25 mL)，酸式滴定管。

药品：$AgNO_3$(0.01 $mol\cdot L^{-1}$)，$NH_3\cdot H_2O$(2.0 $mol\cdot L^{-1}$)，KBr(0.01 $mol\cdot L^{-1}$)(上述溶液均需在使用前标定其准确浓度)。

其他：坐标纸。

四、实验步骤

按表 3-13-1 中各编号所列数量，依次加入 0.01 $mol\cdot L^{-1}$ $AgNO_3$溶液、2.0 $mol\cdot L^{-1}$氨水及蒸馏水于各锥形瓶中，然后在不断摇动下从滴定管中逐滴滴加 0.01 $mol\cdot L^{-1}$ KBr 溶液，直到溶液中刚出现混浊并不再消失为止，记下所消耗 KBr 溶液的体积及溶液的总体积 $V_{总}$。

表 3-13-1　数据记录与处理

实验编号	1	2	3	4	5	6	7
V_{Ag^+}/mL	5.00	5.00	5.00	5.00	5.00	5.00	5.00
$V_{NH_3\cdot H_2O}$/mL	20.00	18.00	16.00	14.00	12.00	10.00	8.00
V_{H_2O}/mL	5.0	7.0	9.0	11.0	13.0	15.0	17.0
V_{KBr}/mL							
$V_{总}$/mL							
$[[Ag(NH_3)_n]^+]/(mol\cdot L^{-1})$							
$[NH_3]/(mol\cdot L^{-1})$							
$[Br^-]/(mol\cdot L^{-1})$							
$\lg([[Ag(NH_3)_n]^+][Br^-])$							
$\lg[NH_3]$							

五、数据记录及处理

以 $\lg[NH_3]$为横坐标，$\lg([[Ag(NH_3)_n]^+][Br^-])$为纵坐标作图，直线的斜率即为配位数

n，直线在纵坐标上的截距为 $\lg(K_f^{\ominus}K_{sp}^{\ominus})$，求得配合物的稳定常数 $K_f^{\ominus}$。已知 AgBr 的 $K_{sp}^{\ominus}=5.3\times10^{-13}$。

【注意事项】

由于终点时 AgBr 的量很少，观察沉淀较困难。仔细观察现象，至锥形瓶中出现 AgBr 胶状混浊即为终点。

思　考　题

$AgNO_3$ 溶液要放在什么颜色的试剂瓶中？还有哪些试剂有类似的要求？

实验 14　配位化合物的生成和性质

一、实验目的

(1) 了解配合物与简单盐、复盐的区别。

(2) 加深理解配离子的生成、组成和解离。

(3) 比较配离子的稳定性。

(4) 加深理解促使配位-解离平衡移动的条件。

(5) 了解简单离子生成配离子后各种性质的变化。

二、实验原理

(1) 中心原子或离子(配合物的形成体)与一定数目的中性分子或阴离子(配合物的配位体)以配位键结合形成配合物的内界，若配合物的内界带有电荷就称为配离子。带正电荷称为配阳离子，带负电荷称为配阴离子。配离子与带有等量相反电荷的离子(外界)组成配位化合物，简称配合物。

(2) 大多数易溶配合物在溶液中解离为配离子和外界离子，如 $[Cu(NH_3)_4]SO_4$ 在水溶液完全解离为 $[Cu(NH_3)_4]^{2+}$ 和 SO_4^{2-}。而配离子只能部分解离，如在水溶液中，$[Cu(NH_3)_4]^{2+}$ 存在如下平衡：

$$Cu^{2+}+4NH_3 \rightleftharpoons [Cu(NH_3)_4]^{2+};\quad K_f^{\ominus}=K_{稳}^{\ominus}=\frac{c([Cu(NH_3)_4]^{2+})}{c(Cu^{2+})\cdot[c(NH_3)]^4}$$

$$[Cu(NH_3)_4]^{2+} \rightleftharpoons Cu^{2+}+4NH_3;\quad K_d^{\ominus}=K_{不稳}^{\ominus}=\frac{c(Cu^{2+})\cdot[c(NH_3)]^4}{c([Cu(NH_3)_4]^{2+})}$$

前者是配离子的生成反应，后者是配离子的解离反应，两者互为可逆反应，构成配离子的配位-解离平衡。与之相应的标准平衡常数 $K_f^{\ominus}$ 和 $K_d^{\ominus}$ 分别为配离子的生成常数(又称稳定常数)和解离常数(又称不稳定常数)。$K_f^{\ominus}$ 越大，则 $K_d^{\ominus}$ 越小，配离子越稳定。

若改变上述平衡的条件，如改变浓度，改变溶液酸度，加入沉淀剂生成难溶物，加入配位剂生成更稳定的配离子，或发生氧化还原反应等，配离子的配位-解离平衡都将会发生移动。

(3) 简单金属离子在形成配离子后，其颜色、溶解性、稳定性及氧化还原性都会有所改变。

如 Fe^{3+} 与 SCN^- 形成血红色配离子 $[Fe(SCN)_n]^{3-n}$($n=1\sim6$)。

$$Fe^{3+}+nSCN^- \rightleftharpoons [Fe(SCN)_n]^{3-n}$$

如 AgCl 难溶于水,但与 NH_3 反应能形成易溶于水的$[Ag(NH_3)_2]^+$。

$$AgCl+2NH_3 \rightleftharpoons [Ag(NH_3)_2]^+ + Cl^-$$

若 Fe^{3+} 与 $C_2O_4^{2-}$ 形成$[Fe(C_2O_4)_3]^{3-}$后,由于$[Fe(C_2O_4)_3]^{3-}$稳定性高,Fe^{3+} 浓度减小较多,难以与 SCN^- 反应形成血红色配离子$[Fe(SCN)_n]^{3-}$。

若 Fe^{3+} 能氧化 I^-,但与 F^- 形成$[FeF_6]^{3-}$后,由于 Fe^{3+} 浓度减小,Fe^{3+} 氧化能力减弱,就不能再氧化 I^-。

(4) 具有环状结构的配合物称为螯合物,与金属离子形成螯合物的多齿配体称为螯合剂。乙二胺四乙酸及其二钠盐(简称 EDTA),因具有六个配位原子(两个氮原子和四个氧原子),所以它是配位能力很强的螯合剂,能与许多金属离子形成稳定的 1∶1(金属离子∶配体)型螯合物。

EDTA 与无色的金属离子可形成无色的螯合物,与有色的金属离子可形成相同颜色但是更深一些的螯合物。与普通配合物相比,一般螯合物的稳定性更大,且多具有特征的颜色。如深蓝色的$[Cu(NH_3)_4]^{2+}$遇 EDTA 可转化为更稳定的螯合物$[CuY]^{2-}$(Y^{4-} 表示 EDTA 的酸根离子)。

三、实验用品

仪器:离心机、试管、离心管、滴管。

试剂:HCl(6 mol·L^{-1}、浓)、H_2SO_4(2 mol·L^{-1})、NaOH(2 mol·L^{-1})、氨水(2 mol·L^{-1}、6 mol·L^{-1})、KSCN(0.1 mol·L^{-1})、$K_3[Fe(CN)_6]$(0.1 mol·L^{-1})、KI(0.1 mol·L^{-1})、$NH_4Fe(SO_4)_2$(0.1 mol·L^{-1})、$CuSO_4$(0.1 mol·L^{-1})、$AgNO_3$(0.1 mol·L^{-1})、$FeCl_3$(0.1 mol·L^{-1})、KBr(0.1 mol·L^{-1})、$Na_2S_2O_3$(0.1 mol·L^{-1})、$BaCl_2$(0.1 mol·L^{-1})、NaCl(0.1 mol·L^{-1})、EDTA(0.1 mol·L^{-1})、$(NH_4)_2C_2O_4$(饱和)、CCl_4、$CuCl_2$(固)、NH_4F(固)、广范 pH 试纸。

四、实验步骤

1. 配合物与简单盐、复盐的区别

在三支试管中分别加入 0.1 mol·L^{-1} $K_3[Fe(CN)_6]$、0.1 mol·L^{-1} $FeCl_3$、0.1 mol·L^{-1} $NH_4Fe(SO_4)_2$ 溶液各 8 滴,然后各加入 0.1 mol·L^{-1} KSCN 溶液 2 滴,观察溶液颜色的变化,并解释现象。

2. 配离子的生成、组成和解离

(1) 在两支试管中各加入 0.1 mol·L^{-1} $CuSO_4$ 溶液 10 滴,再分别加入 0.1 mol·L^{-1} $BaCl_2$ 溶液 5 滴和 2 mol·L^{-1} NaOH 溶液 2 滴,观察现象。

(2) 另取一支试管,加入 0.1 mol·L^{-1} $CuSO_4$ 溶液 20 滴,再滴加 6 mol·L^{-1}氨水至生成的浅蓝色沉淀完全溶解,变成深蓝色溶液,再多加 5 滴,将溶液分成两份:一份加入 0.1 mol·L^{-1} $BaCl_2$ 溶液 5 滴;另一份加入 2 mol·L^{-1} NaOH 溶液 2 滴,观察有无沉淀生成。再在后一支试管中滴加 2 mol·L^{-1} H_2SO_4 至溶液呈酸性,有何现象?解释上述现象并写出相关的反应方程式。

根据以上实验结果,说明 $CuSO_4$ 与 NH_3 生成的配合物的组成。

3. 配离子的稳定性

(1) 在试管中加入 0.1 mol·L^{-1} $FeCl_3$ 溶液 2 滴,再加入饱和$(NH_4)_2C_2O_4$ 溶液 8 滴,观

察溶液颜色的变化。然后加入 0.1 mol·L^{-1} KSCN 溶液 1 滴，溶液颜色有无变化？解释上述现象并写出相关的反应方程式。

(2) 取两支试管，各加入 0.1 mol·L^{-1} $FeCl_3$ 溶液 10 滴，在其中一支试管中加入少许 NH_4F 固体，振荡溶解使溶液的黄色褪去。再分别向两支试管中加入 0.1 mol·L^{-1} KI 溶液数滴，然后各加入约 0.5 mL CCl_4，振荡试管，观察现象，解释并写出相关的反应方程式。

(3) 取少量 $CuCl_2$ 固体于试管中，加入 1 mL 蒸馏水溶解，逐滴加入浓 HCl，观察溶液颜色变化。再加入约 4 mL 蒸馏水稀释，振荡摇匀，又有何变化？解释上述现象并写出相关的反应方程式。

4. 配离子与难溶电解质之间的转化

在离心管中加入 0.1 mol·L^{-1} $AgNO_3$ 溶液 10 滴和 0.1 mol·L^{-1} NaCl 溶液 10 滴，离心分离，弃去清液，并用少量蒸馏水洗涤沉淀两次，每次洗涤后需离心分离，弃去洗涤液。

在上述沉淀中滴加 2 mol·L^{-1}氨水，边滴边振荡至沉淀刚好完全溶解。再在溶液中加入 0.1 mol·L^{-1} NaCl 溶液 1 滴，观察有无沉淀生成。然后滴加 0.1 mol·L^{-1} KBr 溶液至沉淀完全，离心分离，弃去溶液。用少量蒸馏水洗涤沉淀两次，每次洗涤后需离心分离，弃去洗涤液。

在所得沉淀中滴加 0.1 mol·L^{-1} $Na_2S_2O_3$ 溶液，边滴边振荡至沉淀刚好完全溶解。再在溶液中加入 0.1 mol·L^{-1} KBr 溶液 1 滴，观察有无沉淀生成，然后滴加 0.1 mol·L^{-1} KI 溶液，有何现象？

从上述实验结果比较$[Ag(NH_3)_2]^+$、$[Ag(S_2O_3)_2]^{3-}$稳定性的大小，以及 AgCl、AgBr、AgI 溶度积的大小。写出各步反应方程式。

5. 不同配离子之间的转化

(1) 在试管中加入 0.1 mol·L^{-1} $FeCl_3$ 溶液 2 滴，再加入 0.1 mol·L^{-1} KSCN 溶液 1 滴，观察溶液颜色的变化。然后加入少许 NH_4F 固体，振荡溶解，观察溶液颜色的变化。解释上述现象并写出相关的反应方程式。

(2) 按 2.(2)的方法制备的$[Cu(NH_3)_4]^{2+}$溶液，分为两份，一份留作比较，另一份中逐滴加入 0.1 mol·L^{-1} EDTA 溶液，观察现象，解释并写出相关的反应方程式。

【注意事项】

ⅰ. NH_4F 固体具有强刺激性，直接接触可导致眼睛、呼吸道和皮肤灼伤，取用时应注意。

ⅱ. 生成 AgBr 沉淀后，应迅速离心分离和洗涤沉淀，避免 AgBr 因具有感光性而见光分解出单质银。

思　考　题

1. 有何简单方法可证明$[Ag(NH_3)_2]^+$溶液中含有 Ag^+？
2. 若要通过生成可溶性配合物将 AgCl、AgBr、AgI 溶解，可分别选用什么配位剂？请写出相关的反应方程式。
3. 在丙酮存在的条件下，Co^{2+} 与 SCN^- 反应能形成蓝色配离子$[Co(SCN)_4]^{2-}$，此反应可用于鉴定 Co^{2+}。但若有 Fe^{3+} 共存时，Fe^{3+} 会干扰 Co^{2+} 的鉴定。那么可用什么简单方法消除 Fe^{3+} 的干扰？请写出相关的反应方程式。

实验 15　卤素、氧、硫及其化合物的性质

一、实验目的

(1) 了解溴、碘的溶解性，了解卤素单质的氧化性、卤素离子的还原性。

(2) 了解卤素含氧酸盐(次氯酸、氯酸)的氧化性。

(3) 掌握过氧化氢的不稳定性、氧化还原性。

(4) 掌握硫化物、硫的含氧酸盐(亚硫酸盐、硫代硫酸盐、过二硫酸盐)的性质。

二、实验原理

卤素的价电子构型是 ns^2np^5，除氟外，氯、溴、碘均可呈现+1、+3、+5、+7 氧化态。

从 F_2 到 I_2，卤素单质熔点、沸点依次升高。在通常情况下，F_2 为淡黄色气体，Cl_2 是黄绿色气体，Br_2 为红棕色液体，I_2 是紫黑色晶体。氯水为淡黄色(几乎无色)，溴和碘的水溶液颜色与浓度有关。溴水颜色从淡黄色至棕红色，碘在水中溶解度很小，易溶于 KI 溶液呈黄色至红棕色。Br_2 和 I_2 在有机溶剂中的溶解度较大，最典型的是它们溶解在 CCl_4(四氯化碳)中，分别呈现棕黄色和紫红色。

卤素单质的氧化能力：$F_2 > Cl_2 > Br_2 > I_2$。

卤素离子的还原能力：$F^- < Cl^- < Br^- < I^-$。

卤素单质与水发生置换反应和歧化反应：

$$2X_2 + 2H_2O = 4HX + O_2\uparrow \quad (X=F)$$

$$X_2 + H_2O = HX + HXO \quad (X=Cl、Br、I)$$

卤素单质在碱中的歧化产物将受温度影响(I_2 除外)。

$$X_2 + 2OH^- = X^- + XO^- + H_2O \quad (低温下，X=Cl、Br；常温下，X=Cl)$$

$$3X_2 + 6OH^- = 5X^- + XO_3^- + 3H_2O \quad (加热下，X=Cl、Br；常温下，X=Br)$$

HX 性质的递变规律如图 3-15-1 所示。

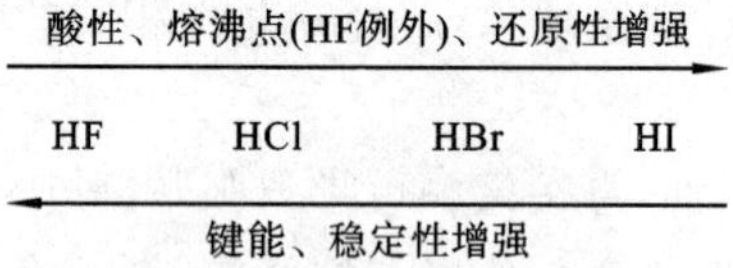

酸性、熔沸点(HF例外)、还原性增强 →

HF　　HCl　　HBr　　HI

← 键能、稳定性增强

图 3-15-1　HX 性质的递变规律

例如：

$$Cl^- \underset{Br^-或I^-等}{\overset{MnO_2+H^+(浓),\triangle}{\rightleftharpoons}} Cl_2$$

卤素含氧酸及其盐有多种形式，以氯为例，氯的含氧酸及其盐的一些性质的递变规律如图 3-15-2 所示。

氧族元素的价电子构型为 ns^2np^4，常见氧化态为−2、−1、0、+2、+4、+6。

过氧化氢(H_2O_2)俗称双氧水。市售试剂是其 30%的水溶液，医疗上消毒用的为 3%的 H_2O_2 溶液。

H_2O_2 分子中有一个过氧键(—O—O—)，故呈现较强氧化性，是应用较广的氧化剂之一。

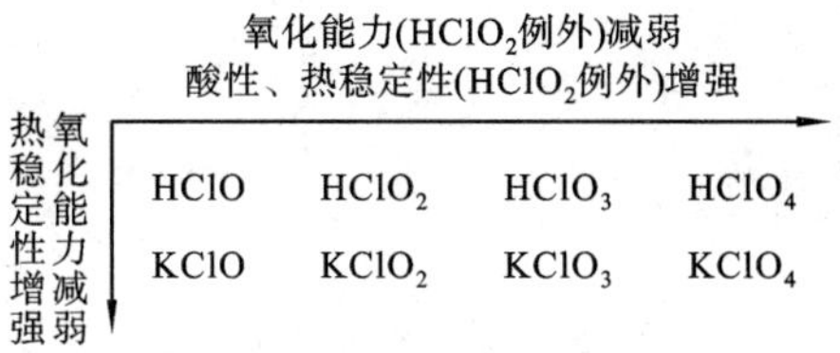

氧化能力($HClO_2$例外)减弱
酸性、热稳定性($HClO_2$例外)增强 →

热稳定性增强 ↓　氧化能力减弱 ↓

$HClO$	$HClO_2$	$HClO_3$	$HClO_4$
$KClO$	$KClO_2$	$KClO_3$	$KClO_4$

图 3-15-2　氯的含氧酸及其盐性质的递变规律

在一定条件下，H_2O_2也表现出还原性。

硫化氢[①](H_2S)是一种无色、有毒、有臭鸡蛋气味的气体，其相应的盐是硫化物，由于 S^{2-} 的半径较大，其变形性大，与重金属离子结合为硫化物时，其化学键显共价性，难溶于水，且具有不同的颜色，无机化学中常利用硫化物的难溶性以及具有的特征颜色，进行金属离子的分离和鉴定。

硫能形成种类繁多的含氧酸，比较常见的含氧酸有亚硫酸(H_2SO_3)、硫酸(H_2SO_4)、硫代硫酸($H_2S_2O_3$)、过二硫酸($H_2S_2O_8$)、连四硫酸($H_2S_4O_6$)。硫的元素电势图如图 3-15-3 所示。

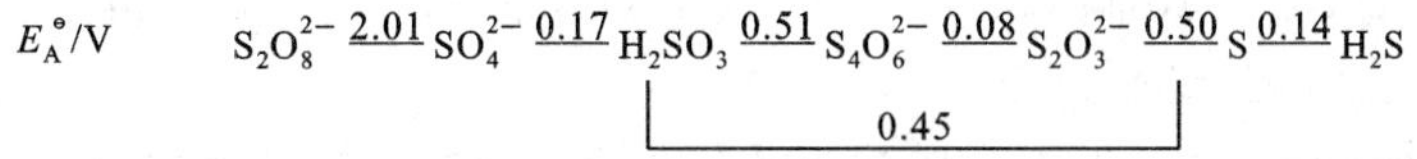

$$E_A^\ominus/V \qquad S_2O_8^{2-} \xrightarrow{2.01} SO_4^{2-} \xrightarrow{0.17} H_2SO_3 \xrightarrow{0.51} S_4O_6^{2-} \xrightarrow{0.08} S_2O_3^{2-} \xrightarrow{0.50} S \xrightarrow{0.14} H_2S$$

(H_2SO_3 至 S：0.45)

图 3-15-3　硫的元素电势图

从硫的元素电势图可知，在酸性溶液中，$S_2O_8^{2-}$ 含有过氧键，因此它是很强的氧化剂。H_2SO_3是强的还原剂和弱的氧化剂。$S_2O_3^{2-}$ 是一个中等强度的还原剂，在强酸性溶液中，立即分解。$S_2O_3^{2-}$ 还具有很强的配位性。如：

$$2Mn^{2+} + 5S_2O_8^{2-} + 8H_2O \xlongequal{Ag^+} 2MnO_4^- + 10SO_4^{2-} + 16H^+$$

$$2SO_3^{2-} + O_2 \xlongequal{} 2SO_4^{2-}$$

$$H_2SO_3 + 2H_2S \xlongequal{} 3S\downarrow + 3H_2O$$

$$2S_2O_3^{2-} + I_2 \xlongequal{} S_4O_6^{2-} + 2I^-$$

$$S_2O_3^{2-} + 2H^+ \xlongequal{} S\downarrow + SO_2\uparrow + H_2O$$

$$AgBr + 2S_2O_3^{2-} \xlongequal{} [Ag(S_2O_3)_2]^{3-} + Br^-$$

三、实验用品

仪器：离心机，离心试管。

药品：NaBr(0.1 mol·L^{-1})，KI(0.2 mol·L^{-1})，HCl(6 mol·L^{-1}，2 mol·L^{-1}，浓)，HNO_3(浓)，H_2SO_4(1 mol·L^{-1}，3 mol·L^{-1}，浓)，H_2O_2(3%)，$KMnO_4$(0.02 mol·L^{-1})，$K_2Cr_2O_7$(0.05 mol·L^{-1})，NaCl(0.2 mol·L^{-1})，$ZnSO_4$(0.2 mol·L^{-1})，$CdSO_4$(0.2 mol·L^{-1})，$CuSO_4$(0.2 mol·L^{-1})，$Na_2S_2O_3$(0.1 mol·L^{-1})，Na_2SO_3(0.1 mol·L^{-1})，$MnSO_4$(0.002 mol·L^{-1})，$AgNO_3$(0.1 mol·L^{-1})，$KClO_3$(饱和)、SO_2水溶液(饱和)，硫代乙酰胺[②](0.2 mol·L^{-1})，H_2S 水溶液(饱和)，乙醚，氯水，溴水，CCl_4，I_2 固体，KI 固体，NaCl 固体，NaBr 固体，Na_2O_2固体，$K_2S_2O_8$固体，淀粉溶液，王水。

其他：广范 pH 试纸，$Pb(Ac)_2$试纸，淀粉碘化钾试纸。

四、实验步骤

1. 卤素单质及其化合物性质

1) 溴和碘的溶解性

① 溴和碘在水中的溶解性。取两支试管,各加 1 mL 水,在第一支试管中加 2 滴溴水,另一支试管中加一小粒碘,振荡试管,观察现象,记录颜色。

② 溴、碘在有机溶剂中的溶解性。往以上两支试管中各加入 5 滴 CCl_4,振荡试管,记录水层和 CCl_4 层颜色的变化。

比较两个实验,对溴、碘的溶解性予以解释。

2) 卤素单质的氧化性

① 取一支试管,加入 10 滴 0.1 mol·L^{-1}的 NaBr 溶液和 5 滴 CCl_4,再滴加氯水,边加边振荡,观察 CCl_4 层的颜色。

② 用 0.2 mol·L^{-1}的 KI 溶液代替 NaBr 溶液做同样的实验,观察 CCl_4 层的颜色。

③ 取一支试管,加入 10 滴 0.2 mol·L^{-1}的 KI 溶液和 5 滴 CCl_4,再滴加溴水,边加边振荡,观察 CCl_4 层的颜色。

根据以上实验结果,比较卤素单质氧化性的相对强弱及其置换次序,写出有关的离子反应式。

3) 卤素离子的还原性

在三支试管中分别加入少量固体 NaCl 、NaBr、KI,然后加 10 滴浓 H_2SO_4,观察试管中颜色的变化,同时分别用广范 pH 试纸、淀粉碘化钾试纸、$Pb(Ac)_2$ 试纸检验所产生的气体。

根据实验结果,比较 Cl^-、Br^-、I^- 的还原性,写出离子反应式。

4) 氯酸盐的氧化性

在试管中加入 5 滴饱和 $KClO_3$ 溶液,滴加浓 HCl,观察现象(如不明显,可微热),写出有关离子反应式。

取两支试管,分别加入 10 滴饱和 $KClO_3$ 溶液,一支试管中加 5 滴 3 mol·L^{-1}的 H_2SO_4 溶液酸化,另一支试管不加。然后各加入 10 滴淀粉溶液,再滴加 0.2 mol·L^{-1}的 KI 溶液振荡,观察 CCl_4 层和水层颜色的变化,解释现象,写出离子反应式。

根据实验结果说明 $KClO_3$ 和 NaClO 的氧化性。

2. 氧和硫化合物性质

1) H_2O_2 的性质

(1) H_2O_2 的生成。

取一支试管,加入适量 Na_2O_2 固体和 2 mL 蒸馏水,振荡使其溶解,放在冷水中冷却,用广范 pH 试纸检验溶液的酸碱性。再往试管中滴加 3 mol·L^{-1}的 H_2SO_4 溶液至溶液呈弱酸性为止,即得过氧化氢溶液(保留此溶液供后面实验使用)。写出反应方程式。

(2) H_2O_2 的氧化还原性。

取一支试管,加入 5 滴 0.2 mol·L^{-1}的 KI 溶液和 5 滴稀淀粉溶液,加入 1 滴 1 mol·L^{-1}的 H_2SO_4 溶液酸化,然后滴加 5 滴 3%的 H_2O_2 溶液,观察现象,写出离子反应式。

取一支试管,加入 1 滴 0.02 mol·L^{-1}的 $KMnO_4$ 溶液,用 1 滴 1 mol·L^{-1}的 H_2SO_4 溶液酸化后再滴加 3%的 H_2O_2 溶液,边振荡边滴加,直至溶液的紫色消失为止。写出离子反应式。

(3) H_2O_2的鉴定。

在试管中加入10滴自制的H_2O_2溶液和5滴1 mol·L^{-1}的H_2SO_4溶液及1滴管乙醚，再滴加5滴0.05 mol·L^{-1}的$K_2Cr_2O_7$溶液，充分振荡。观察乙醚层和水层颜色的变化，并予以解释。此反应也可用来检验CrO_4^{2-}或$Cr_2O_7^{2-}$。

2) 硫化物的溶解性

取四支离心试管，分别加入0.2 mol·L^{-1}的NaCl溶液、0.2 mol·L^{-1}的$ZnSO_4$溶液、0.2 mol·L^{-1}的$CdSO_4$溶液、0.2 mol·L^{-1}的$CuSO_4$溶液各1滴，各加5滴硫代乙酰胺溶液(或饱和H_2S水溶液)，水浴加热，观察是否都有沉淀生成，并记录沉淀的颜色。

往沉淀中分别加入数滴2 mol·L^{-1}的HCl溶液，观察沉淀是否溶解。

将不溶解的沉淀离心、分离，往沉淀中分别加入6 mol·L^{-1}的HCl溶液，观察沉淀是否溶解。

将不溶解的沉淀离心、分离，吸去清液，用少量蒸馏水洗涤沉淀，往沉淀中加数滴浓HNO_3，并在水浴中加热，观察沉淀是否溶解。

将仍不溶解的沉淀离心、分离，吸去清液，用蒸馏水洗涤后，加入2 mL王水(可自制)，并搅拌，观察沉淀是否溶解。

比较以上金属硫化物的颜色及它们在纯水和酸中溶解的情况。写出离子反应式。

3) 硫的含氧酸盐的性质

(1) 亚硫酸盐的性质。

取5滴0.02 mol·L^{-1}的$KMnO_4$溶液，加入4滴1 mol·L^{-1}的H_2SO_4溶液酸化，逐滴加入0.1 mol·L^{-1}的Na_2SO_3溶液，观察溶液颜色有何变化。写出离子反应式。

取5滴硫代乙酰胺溶液(或饱和H_2S水溶液)，加入5滴3 mol·L^{-1}的H_2SO_4溶液，再滴加5滴0.1 mol·L^{-1}的Na_2SO_3溶液，水浴加热，观察现象，写出离子反应式。

(2) 硫代硫酸钠的性质。

取5滴0.1 mol·L^{-1}的$Na_2S_2O_3$溶液，滴加5滴6 mol·L^{-1}的HCl溶液，静置1～2 min，观察现象。写出离子反应式。

取5滴碘水，滴加0.1 mol·L^{-1}的$Na_2S_2O_3$溶液，观察溶液颜色有何变化，写出反应方程式。

取5滴0.1 mol·L^{-1}的$AgNO_3$溶液，加入2滴0.1 mol·L^{-1}的$Na_2S_2O_3$溶液，边加边振荡试管，有何现象？写出离子反应式。

如颠倒上述实验中加入试剂的顺序，即先取5滴0.1 mol·L^{-1}的$Na_2S_2O_3$溶液，再加入2滴0.1 mol·L^{-1}的$AgNO_3$溶液，边加边振荡试管，现象有何不同？为什么？写出离子反应式。

(3) 过二硫酸盐的氧化性。

取1滴0.002 mol·L^{-1}的$MnSO_4$溶液，加入1 mol·L^{-1}的H_2SO_4溶液和蒸馏水各10滴，加入少量$K_2S_2O_8$固体，微热，溶液颜色有何变化？再滴加1滴0.1 mol·L^{-1}的$AgNO_3$溶液，颜色有何变化？写出有关的离子反应式。并说明$AgNO_3$溶液的作用。

以上实验说明亚硫酸钠、硫代硫酸钠、过二硫酸盐各具有什么性质？

【注意事项】

ⅰ. 使用滴瓶时应注意滴管为各试剂瓶专用，不要张冠李戴，更不允许拿其他物品取用试剂，严防试剂被污染。

ⅱ. 使用离心机时,注意转速不要过高,保持离心机平衡。选择大小相同的离心试管且对称放置。

思　考　题

1. Br_2能从含有I^-的溶液中置换出I_2,而I_2又能与$KBrO_3$溶液反应得到Br_2。两者有无矛盾?试说明。
2. 如何通过实验验证H_2O_2既有氧化性又有还原性?
3. 有四瓶未知溶液,它们分别含有Cu^{2+}、Zn^{2+}、Cd^{2+}、Hg^{2+},试用金属硫化物的性质来鉴别它们。
4. 实验室如何保存H_2O_2溶液?为防止其分解常加入什么物质作稳定剂?

附注

① 硫化氢。

硫化氢是一种神经毒剂,亦为窒息性和刺激性气体。其毒理作用的主要靶器是中枢神经系统和呼吸系统,亦可伴有心脏等多器官损害,对毒理作用最敏感的组织是脑和黏膜接触部位。吸入较多时可出现头痛、头晕、乏力,可发生轻度意识障碍等症状,严重者可导致昏迷,甚至窒息死亡。在进行有硫化氢的实验时注意通风(或在通风橱中进行)。

② 硫代乙酰胺。

实验时常用硫代乙酰胺(CH_3CSNH_2,简称 TAA)来替代H_2S、Na_2S和$(NH_4)_2S$作为金属离子的沉淀剂。优点:一是可以减少有毒H_2S气体逸出,降低实验室中空气的污染程度;二是以均匀沉淀的方式得到较纯净的金属硫化物的沉淀,便于分离。

在酸性溶液中　　$CH_3CSNH_2 + H_2O = CH_3CONH_2 + H_2S$

在碱性溶液中　　$CH_3CSNH_2 + 3OH^- = CH_3COO^- + NH_3 + S^{2-} + H_2O$

在氨溶液中　　$CH_3CSNH_2 + 2NH_3 = CH_3C(NH_2)NH + NH_4^+ + HS^-$

硫代乙酰胺的水解速率随温度升高而增大,反应一般在沸水浴中进行。在碱性溶液中其水解速率较在酸性溶液中大。

实验 16　氮、磷、碳、硅、硼及其化合物的性质

一、实验目的

(1) 掌握亚硝酸、硝酸及其盐的部分性质,掌握NO_2^-、NO_3^-的鉴定方法。

(2) 验证磷酸盐的溶解度,掌握磷酸根的鉴定方法。

(3) 掌握硅酸盐的水解反应,硼酸和硼砂的重要性质与鉴定方法,了解利用硼砂珠实验对某些物质进行鉴定的操作方法及现象。

二、实验原理

亚硝酸是稍强于醋酸的弱酸,它极不稳定,可分解出 NO 和NO_2,仅存在于冷的稀溶液中,加热或浓缩便发生分解。亚硝酸盐在溶液中较稳定,在酸性介质中作氧化剂,一般被还原为 NO,与强氧化剂作用时,本身被氧化成硝酸盐。

硝酸最主要的特征是强氧化性,许多非金属容易被浓HNO_3氧化为相应的酸,硝酸本身被还原为 NO,与金属反应时被还原的产物取决于硝酸的浓度和金属的活泼性,浓HNO_3一般被还原为NO_2,稀HNO_3通常被还原为 NO,若硝酸很稀则主要被还原为NH_3,后者与未反应

的酸反应而生成铵盐。事实上硝酸的这些反应很复杂，还原产物不可能是单一的，一般书写方程式时只写其主反应产物。

硝酸盐的稳定性较差，加热放出的氧气和可燃物质混合极易燃烧而引起爆炸。硝酸盐的分解产物取决于金属的活泼性，活泼金属(Na、K)硝酸盐的分解产物是亚硝酸盐，中等活泼金属(Pb、Cu)硝酸盐的分解产物是氧化物，不活泼金属(Ag)硝酸盐的分解产物是金属单质。

磷酸是一种三元中强酸，它可形成正盐、一氢盐和二氢盐三种形式的盐。其中大多数磷酸二氢盐易溶于水；磷酸盐和磷酸一氢盐，除碱金属(除锂外)盐和铵盐外，都难溶于水。

三、实验用品

仪器：铁架台，酒精灯，试管，离心管，蒸发皿，石棉网，研钵，离心机，药匙，玻璃棒，胶头滴管，点滴板。

药品：NH_4Cl(固体)，$(NH_4)_2Cr_2O_7$(晶体)，硼酸(固)，硼砂(固)，$CaCl_2$，$CuSO_4 \cdot 5H_2O$，$Co(NO_3)_2 \cdot 6H_2O$，$NiSO_4 \cdot 7H_2O$，$ZnSO_4 \cdot 5H_2O$，$FeCl_3 \cdot 6H_2O$，锌粒，$FeSO_4 \cdot 7H_2O$(晶体)，Cr_2O_3(固体)，$Co(NO_3)_2$(固体)，酒精，HCl(浓，6 $mol \cdot L^{-1}$，2 $mol \cdot L^{-1}$)，H_2SO_4(浓，2 $mol \cdot L^{-1}$，1 $mol \cdot L^{-1}$)，HNO_3(浓，2 $mol \cdot L^{-1}$，6 $mol \cdot L^{-1}$)，$NaNO_2$(饱和，0.5 $mol \cdot L^{-1}$)，KI(0.1 $mol \cdot L^{-1}$)，$KMnO_4$(0.02 $mol \cdot L^{-1}$)，HAc(6 $mol \cdot L^{-1}$，2 $mol \cdot L^{-1}$)，Na_3PO_4(0.1 $mol \cdot L^{-1}$)，Na_2HPO_4(0.1 $mol \cdot L^{-1}$)，NaH_2PO_4(0.1 $mol \cdot L^{-1}$)，$AgNO_3$(0.1 $mol \cdot L^{-1}$)，$CaCl_2$(0.2 $mol \cdot L^{-1}$)，$NH_3 \cdot H_2O$(浓，2 $mol \cdot L^{-1}$)，HPO_3(0.1 $mol \cdot L^{-1}$)，H_3PO_4(0.1 $mol \cdot L^{-1}$)，$K_4P_2O_7$(0.1 $mol \cdot L^{-1}$)，$(NH_4)_2MoO_4$(0.1 $mol \cdot L^{-1}$)，$NaNO_3$(0.5 $mol \cdot L^{-1}$)，$NaSiO_3$(质量分数为20%)，对氨基苯磺酸，α-萘胺，镁铵试剂。

其他：pH试纸，鸡蛋清水溶液，淀粉碘化钾试纸，石蕊试纸，冰，铂丝，玻璃棒。

四、实验步骤

氮族元素：

(一) 铵盐的热分解

(1) 取0.5 g NH_4Cl固体于试管中，压紧，在试管口贴小片润湿的pH试纸，加热试管，观察试纸颜色变化，说明原因并写出相应的化学方程式。

(2) “火山爆发”：取0.5 g研细的重铬酸铵晶体，放在石棉网上堆成锥形，往中间插灼热的玻璃棒，观察现象。

(二) 硝酸、亚硝酸及其盐

1. HNO_2的生成

在两支试管中，一支加入5滴2 $mol \cdot L^{-1}$ H_2SO_4溶液，另一支加入5滴饱和$NaNO_2$溶液。两支试管均在冰水中冷却后，将H_2SO_4溶液倒入$NaNO_2$溶液中继续冷却并观察现象。将试管从冰水中取出，放置片刻，有什么现象？

2. 亚硝酸盐的氧化还原性

(1) 在2滴0.5 $mol \cdot L^{-1}$ $NaNO_2$溶液中，滴入2滴0.1 $mol \cdot L^{-1}$ KI溶液，有何变化？再滴加2 $mol \cdot L^{-1}$ H_2SO_4溶液，有何变化？

(2) 在2滴0.5 $mol \cdot L^{-1}$ $NaNO_2$溶液中，滴入1滴0.02 $mol \cdot L^{-1}$ $KMnO_4$溶液，有何变化？再滴加2 $mol \cdot L^{-1}$ H_2SO_4溶液，有何现象？

上述反应说明亚硝酸盐具有什么性质？

3. NO_2^- 的鉴定反应

在试管中加入 1 滴 0.5 mol · L^{-1} $NaNO_2$ 溶液，滴入一滴去离子水，再加入几滴 6 mol · L^{-1} HAc，然后加 1 滴对氨基苯磺酸和 1 滴 α-萘胺，若溶液显粉红色，证明有 NO_2^-。当 NO_2^- 浓度较大时，粉红色很快消失，并生成黄色或褐色沉淀，所以当 NO_2^- 浓度较大时，应适当稀释，然后再鉴定。

4. HNO_3 与金属的反应及 NO_3^- 的鉴定

(1) 往 1 mL 2 mol · L^{-1} HNO_3 中加几粒锌粒，放置一段时间。取出少量溶液，检验有无 NH_4^+ 生成(用气室法)。实验后锌粒回收。

(2) 往小试管中加入豆粒大小的 $FeSO_4 \cdot 7H_2O$ 晶体和 0.5 mol · L^{-1} $NaNO_3$ 溶液，摇匀后斜持试管，沿管壁慢慢流入 1 mL 浓硫酸。由于浓硫酸的相对密度比上述液体大，流入试管底部形成两层(注意不要振荡)，这时两层液体界面上有一棕色环产生。

(三) 磷酸盐的生成

1. PO_4^{3-} 的生成

在点滴板中分别滴入 2 滴 0.1 mol · L^{-1} Na_3PO_4、0.1 mol · L^{-1} Na_2HPO_4 和 0.1 mol · L^{-1} NaH_2PO_4 溶液，用 pH 试纸测其 pH 值。然后各滴入 4～5 滴 0.1 mol · L^{-1} $AgNO_3$ 溶液，观察现象并用试纸测其 pH 值，说明原因。

2. 检验

分别在 3 支离心管中滴入 4 滴 0.1 mol · L^{-1} Na_3PO_4、Na_2HPO_4 和 NaH_2PO_4 溶液，再滴入 4 滴 0.2 mol · L^{-1} $CaCl_2$ 溶液，振荡均匀后，离心沉淀(试管中溶液不要吸出)。滴入几滴 2 mol · L^{-1}氨水有何变化？再加入 2 mol · L^{-1}盐酸又有何变化？以上实验说明什么问题？

(四) PO_3^-、PO_4^{3-}、$P_4O_7^{4-}$ 的区别和鉴定

1. PO_3^-、PO_4^{3-}、$P_2O_7^{4-}$ 的区别

向上述三种酸根的溶液中分别滴加 0.1 mol · L^{-1} $AgNO_3$ 溶液，观察现象。另取上述三种溶液分别加入 2 mol · L^{-1} HAc 和鸡蛋清水溶液，观察现象。

2. 磷酸根 PO_4^{3-} 的鉴定

(1) 磷酸铵镁沉淀法：取 2 滴试液，滴入镁铵试剂，观察现象(溶液若为酸性，可用浓氨水调节 pH 值至约为 9)。

(2) 磷钼酸铵沉淀法：在一支试管中滴入 2 滴 0.1 mol · L^{-1} NaH_2PO_4 溶液、1 mL 6 mol · L^{-1} HNO_3 及 8～10 滴 0.1 mol · L^{-1} $(NH_4)_2MoO_4$ 溶液，即有黄色沉淀生成(若现象不明显可微热，并用玻璃棒摩擦试管内壁)。

碳族元素和硼：

(一) 硅酸盐的水解和微溶性硅酸盐的生成

1. 硅酸盐的水解

先用石蕊试纸检验质量分数为 20%硅酸钠溶液的酸碱性，然后往盛有 1 mL 该溶液的试管中注入 2 mL 饱和 NH_4Cl 溶液，微热。检验放出气体为何物。

2. 微溶性硅酸盐的生成(“水中花园”实验)

在一只小烧杯中注入约 2/3 体积的 20%硅酸钠溶液，然后把 $CaCl_2$，$CuSO_4 \cdot 5H_2O$，$Co(NO_3)_2 \cdot 6H_2O$，$NiSO_4 \cdot 7H_2O$，$ZnSO_4 \cdot 5H_2O$，$FeCl_3 \cdot 6H_2O$ 晶体各一小粒投入杯内，记

住它们各自的位置，1 h 后观察现象(实验完毕必须立即洗净烧杯，因为 Na_2SiO_3 对玻璃有腐蚀作用)。

(二) 硼酸的性质和鉴定

(1) 用 pH 试纸测量硼酸溶液的 pH 值，试解释原因。

(2) 在蒸发皿(下面垫一石棉网)中放入绿豆粒大小的硼酸晶体、1 mL 酒精和几滴浓硫酸，混合后点火，观察火焰颜色。

(3) 硼砂珠实验。将铂丝灼烧后，蘸取少量硼砂固体，在氧化焰中灼烧至熔融小珠(仔细观察硼砂珠的形成过程和硼砂珠的颜色、状态)。用灼热的硼砂珠蘸取极少量的硝酸钴，在氧化焰中燃烧至熔融状态。冷却后观察硼砂珠颜色。把硼砂珠在氧化焰中灼烧至熔融，轻轻震动玻璃棒，使熔珠落下(落在石棉网上)，然后重新制作硼砂珠，把硝酸钴换成三氧化二铬后再实验。

【注意事项】

沾上的硝酸钴、三氧化二铬固体应比米粒还要小。

思　考　题

干燥氨气应选用何种干燥剂？能否用 $CaCl_2$？为什么？

实验 17　钠、钾、镁、钙、钡及其化合物的性质

一、实验目的

(1) 了解碱金属和碱土金属单质的活泼性。

(2) 比较碱金属和碱土金属微溶盐及难溶盐的溶解度大小。

(3) 学习利用焰色反应鉴定碱金属和碱土金属离子。

(4) 学习混合液中碱金属和碱土金属离子的分离和鉴定。

二、实验原理

碱金属和碱土金属分别是元素周期表中ⅠA、ⅡA 族金属元素，它们的化学性质活泼，能直接或间接地与电负性较大的非金属元素反应。除 Be 外，都可与水反应，其中碱金属与水反应十分激烈。

碱金属的氢氧化物可溶于水，它们的溶解度从 Li 到 Cs 依次递增；碱土金属的氢氧化物溶解度较低，其变化趋势从 Be 到 Ba 也依次递增，其中 $Be(OH)_2$ 和 $Mg(OH)_2$ 为难溶氢氧化物。这两族的氢氧化物除 $Be(OH)_2$ 显两性，其他均为中强碱或强碱。

碱金属的绝大部分盐类易溶于水，只有与易变形、半径大的阴离子作用生成的盐才不溶于水。例如高氯酸钾 $KClO_4$(白色)，钴亚硝酸钠钾 $K_2Na[Co(NO_2)_6]$(亮黄)，六水合醋酸铀酰锌钠 $NaZn(UO_2)_3(Ac)\cdot 6H_2O$(黄绿色)。碱土金属盐类的溶解度较碱金属盐类低，有不少是难溶的，例如钙、锶、钡的硫酸盐和铬酸盐是难溶的，其溶解度按 Ca—Sr—Ba 的顺序减小。碱土金属的碳酸盐、磷酸盐和草酸盐也都是难溶的。利用这些盐类的溶解度可以进行沉淀分离和离子检出。

碱金属和钙、锶、钡的挥发性化合物在高温焰色反应中可使火焰呈现特征颜色。锂的焰色反应呈红色,钠呈黄色,钾、铷和铯呈紫色,钙、锶、钡分别呈橙红、洋红和绿色。所以也可以用焰色反应鉴定这些离子。

三、实验用品

仪器:离心机,坩埚,镊子,小刀,烧杯(100 mL),量筒(10 mL),酒精灯,试管(10 mL),滤纸,玻璃棒,点滴板。

药品:HCl(2 mol·L^{-1},6 mol·L^{-1}),HNO_3(浓),H_2SO_4(2 mol·L^{-1}),HAc(6 mol·L^{-1}),$NaOH$(2 mol·L^{-1}),Na_2CO_3(0.1 mol·L^{-1}),$NH_3·H_2O$(2 mol·L^{-1}),$NaCl$(1 mol·L^{-1}),KCl(0.1 mol·L^{-1}),$MgCl_2$(0.1 mol·L^{-1},1 mol·L^{-1}),$CaCl_2$(0.1 mol·L^{-1}),$BaCl_2$(0.1 mol·L^{-1}),$SrCl_2$(0.1 mol·L^{-1}),Na_2SO_4(0.1 mol·L^{-1}),K_2CrO_4(0.1 mol·L^{-1}),$(NH_4)_2C_2O_4$(饱和溶液),NaF(1 mol·L^{-1}),Na_2CO_3(1 mol·L^{-1}),Na_3PO_4(0.5 mol·L^{-1}),$LiCl$(1 mol·L^{-1}),$K[Sb(OH)_6]$(六羟基合锑(Ⅴ)酸钾饱和溶液),$Na_3[Co(NO_2)_6]$(钴亚硝酸钠溶液),金属钠,镁条。

其他:滤纸,铂丝,火柴,砂纸,广范 pH 试纸。

四、实验步骤

1. 金属单质与氧气和水的反应

(1) 金属钠与氧的反应:用镊子夹取一小块金属钠,用滤纸吸干其表面的煤油,放入干燥的坩埚中加热。当钠刚开始燃烧时,停止加热,观察现象。

(2) 金属钠与水的反应:用镊子夹取一小块金属钠,用滤纸吸干其表面的煤油,放入盛有少量水的 100 mL 烧杯中,观察现象并检验所得溶液的酸碱性。

(3) 镁条在空气中燃烧:取一小段金属镁条用砂纸擦去表面的氧化膜后,点燃,观察现象。将燃烧产物放入试管中,加入 2 mL 蒸馏水,并用润湿的 pH 试纸检查管口逸出的气体,并检验产生溶液的酸碱性。

2. 碱金属和碱土金属的微溶与难溶盐

(1) 微溶性钠盐的生成和钠离子的鉴定:取 1 mL 1 mol·L^{-1} $NaCl$ 溶液,加入等量饱和的六羟基合锑(Ⅴ)酸钾溶液,用玻璃棒摩擦试管内壁,观察产物的颜色和状态。

(2) 微溶性钾盐的生成和钾离子的鉴定:在点滴板上加 0.1 mol·L^{-1} KCl 溶液数滴并加入等量饱和的钴亚硝酸钠 $Na_3[Co(NO_2)_6]$ 试剂,观察现象。

(3) 镁、钙、钡的硫酸盐的溶解度:分别取 0.1 mol·L^{-1} 的 $MgCl_2$、$CaCl_2$ 和 $BaCl_2$ 溶液 3～5滴加入离心试管,并加入等量的 0.1 mol·L^{-1} Na_2SO_4 溶液,观察产物的颜色和状态,分别检验沉淀与浓 HNO_3 溶液作用的产物。写出反应方程式,并比较 $MgSO_4$、$CaSO_4$ 和 $BaSO_4$ 溶解度。

(4) 钙、钡的铬酸盐的生成和性质:分别取 0.1 mol·L^{-1} 的 $CaCl_2$ 和 $BaCl_2$ 溶液 3～5 滴,加入等量的 0.1 mol·L^{-1} K_2CrO_4 溶液,观察现象。然后在离心分离出的沉淀中分别加入 6 mol·L^{-1} HAc 和 2 mol·L^{-1} HCl 溶液,观察现象。

(5) 草酸钙的生成和性质:分别取 0.1 mol·L^{-1} 的 $CaCl_2$ 溶液 3～5 滴,加入等量饱和的 $(NH_4)_2C_2O_4$ 溶液,观察现象。并检查沉淀和 2 mol·L^{-1} HCl 反应的情况。

(6) 锂盐和镁盐的相似性：分别向 1 mol·L^{-1} LiCl 和 $MgCl_2$ 溶液中滴加 1 mol·L^{-1} NaF、1 mol·L^{-1} Na_2CO_3 溶液和 0.5 mol·L^{-1} Na_3PO_4 观察现象。

3. 焰色反应

取一支铂丝(或镍铬丝)反复蘸取 6 mol·L^{-1} 盐酸在氧化焰中灼烧直至无色。再蘸取 LiCl 溶液在氧化焰上灼烧，观察火焰颜色。实验完毕，再蘸取盐酸在氧化焰中烧至近无色，以相同的方法观察 0.1 mol·L^{-1} NaCl、KCl、$CaCl_2$、$SrCl_2$ 和 $BaCl_2$ 溶液的焰色反应。

4. 设计实验

现有一未知溶液，可能含有 K^+、Mg^{2+}、NH_4^+、Ca^{2+}、Ba^{2+}，试分析确定未知液的组成。

【注意事项】

ⅰ. 钠、钾等活泼金属暴露在空气中或与水接触，均易发生剧烈反应，因此，应把它们保存在煤油中，放置在阴凉处。使用时应在煤油中切割成小块，用镊子夹起，再用滤纸吸干表面的煤油，切勿与皮肤接触。未用完的金属屑不能乱丢，可加少量酒精使其缓慢反应。

ⅱ. 实验中常利用生成的 $BaCrO_4$ 黄色沉淀对 Ba^{2+} 进行鉴定、分离，但 Pb^{2+} 也可生成黄色的 $PbCrO_4$ 晶状沉淀。为除去 Pb^{2+} 的干扰，在溶液 pH 值为 4～5 时，Pb^{2+} 与 EDTA 可形成稳定的配合物而留于溶液中，或利用 $PbCrO_4$ 可溶于强碱(如 NaOH)而使 Pb^{2+} 和 Ba^{2+} 分离。

ⅲ. 当 K^+ 和 Na^+ 共存时，即使 Na^+ 是极微量的，K 的紫色火焰可能被 Na 的黄色火焰所掩盖，所以用蓝色钴玻璃滤去黄色火焰观察 K 的焰色。

ⅳ. 检验 K^+ 时，强酸、强碱均会使$[Co(NO_2)_6]^{3-}$破坏，故反应必须在中性或弱酸性溶液中进行。NH_4^+ 的存在会干扰 K^+ 的鉴定，它与试剂可生成$(NH_4)_2Na[Co(NO_2)_6]$黄色沉淀。但若将此沉淀在沸水浴中加热至无气体放出，则可完全分解，而剩下的 $K_2Na[Co(NO_2)_6]$无变化。

思 考 题

(1) 钠和镁的标准电极电势相近，但钠与水的反应比镁与水的反应剧烈，试解释之。
(2) 试解释镁、钙、钡硫酸盐溶解度的变化规律。

实验 18 锡、铅、锑、铋及其化合物的性质

一、实验目的

(1) 了解锡、铅、锑、铋的氢氧化物的酸碱性，低氧化态化合物的还原性，高氧化态化合物的氧化性，盐类水解及硫化物和难溶盐的性质。

(2) 掌握 Sn^{2+}、Pb^{2+}、Bi^{3+} 的鉴定方法。

二、实验原理

锡(Sn)和铅(Pb)有+2 和+4 两种氧化态，它们的化合物性质的递变规律如图 3-18-1 所示。锑(Sb)和铋(Bi)也有+3 和+5 两种氧化态，它们的化合物性质的递变规律如图 3-18-2 所示。它们的氢氧化物多具有两性。

Sn^{2+}、Sb^{3+}、Bi^{3+} 的卤化物都能发生不同程度的水解反应，Pb^{2+} 水解不显著。

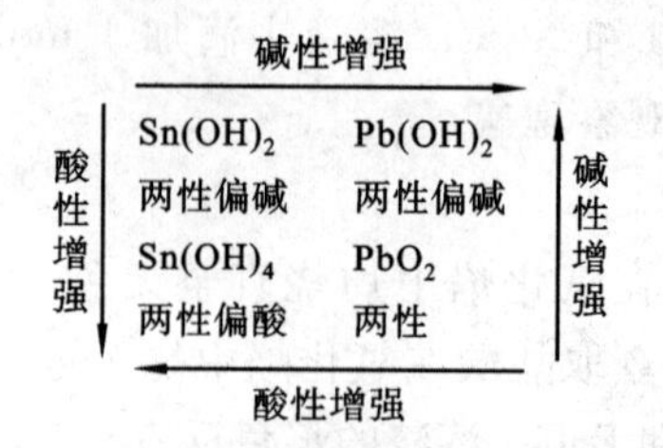

图 3-18-1　锡和铅化合物性质的递变规律

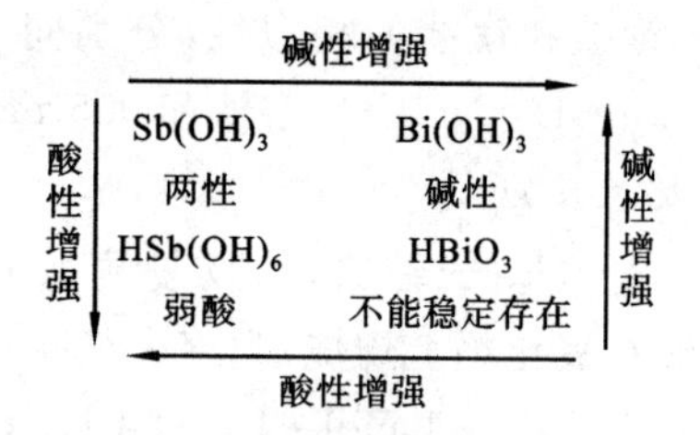

图 3-18-2　锑和铋化合物性质的递变规律

$$SnCl_2 + H_2O = Sn(OH)Cl\downarrow + HCl$$

$$SbCl_3 + H_2O = SbOCl\downarrow + 2HCl$$

$$BiCl_3 + H_2O = BiOCl\downarrow + 2HCl$$

锡、铅、铋的元素电势图如图 3-18-3 所示。

$E_A^\ominus/V$　$Sn^{4+}\xrightarrow{0.15}Sn^{2+}\xrightarrow{-0.14}Sn$　　$PbO_2\xrightarrow{1.46}Pb^{2+}\xrightarrow{-0.13}Pb$

$Bi_2O_5\xrightarrow{1.6}BiO^+\xrightarrow{0.32}Bi$

图 3-18-3　锡、铅、铋的元素电势图

从上述元素电势图可知，在酸性溶液中，PbO_2 和 $NaBiO_3$ 具有很强的氧化性，它们能将 Mn^{2+} 氧化为 MnO_4^-。

$$5PbO_2 + 2Mn^{2+} + 4H^+ = 5Pb^{2+} + 2MnO_4^- + 2H_2O$$

$$2Mn^{2+} + 5NaBiO_3 + 14H^+ = 2MnO_4^- + 5Bi^{3+} + 7H_2O + 5Na^+$$

在碱性溶液中用强氧化剂如 Cl_2 或 NaClO，可将 Pb(Ⅱ)和 Bi(Ⅲ)的化合物氧化成 PbO_2 和 $NaBiO_3$。如：

$$Pb(OH)_3^- + ClO^- = PbO_2 + Cl^- + OH^- + H_2O$$

$$Bi(OH)_3 + Cl_2 + Na^+ + 3OH^- = NaBiO_3\downarrow + 2Cl^- + 3H_2O$$

Sn(Ⅱ)的还原性很强。Sn^{2+} 作还原剂的最典型反应是

$$2HgCl_2 + Sn^{2+}(\text{适量}) = \underset{(\text{白色})}{Hg_2Cl_2\downarrow} + Sn^{4+} + 2Cl^-$$

$$Hg_2Cl_2 + Sn^{2+}(\text{过量}) = \underset{(\text{黑色})}{2Hg\downarrow} + Sn^{4+} + 2Cl^-$$

常用上述反应鉴定 Hg^{2+}(或 Sn^{2+})。

在碱性溶液中，亚锡酸的还原性更强。如：

$$3HSnO_2^- + 2Bi^{3+} + 9OH^- + 3H_2O = 3[Sn(OH)_6]^{2-} + \underset{(\text{黑色})}{2Bi\downarrow}$$

可用此反应来检验 Bi^{3+}。

锡和铅、锑和铋的硫化物性质的递变规律分别如图 3-18-4 和图 3-18-5 所示。

SnS_2 是酸性硫化物，能溶于碱性硫化物 Na_2S 和 $(NH_4)_2S$ 溶液。

Sb_2S_3 和 Sb_2S_5 是两性硫化物，它们既能溶于浓 HCl，也能溶于碱性 Na_2S 和 $(NH_4)_2S$ 溶液。

SnS 和 PbS 是碱性硫化物，能溶于浓 HCl，而不溶于 Na_2S 溶液。

对于低氧化态的硫化物如 SnS 和 Sb_2S_3，由于其具有还原性，所以能被多硫化物氧化为高氧化态的硫化物而溶解。如：

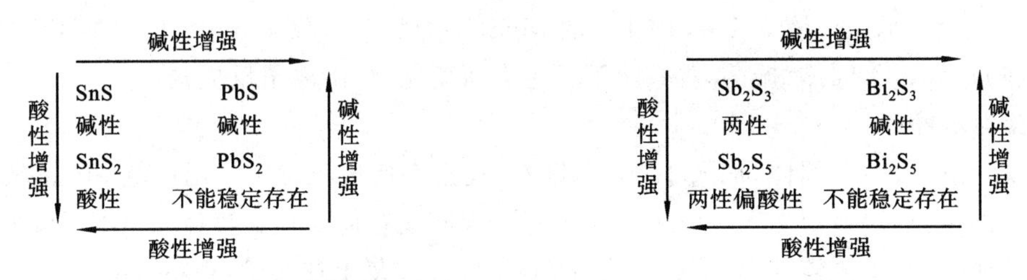

图 3-18-4　锡和铅硫化物性质的递变规律　　图 3-18-5　锑和铋硫化物性质的递变规律

$$SnS + S_2^{2-} = SnS_2 + S^{2-}$$

$$SnS_2 + S^{2-} = SnS_3^{2-}$$

Bi_2S_3溶于浓 HCl，不溶于 Na_2S、$(NH_4)_2S$ 和多硫化物溶液。

三、实验用品

仪器：离心试管，离心机，电炉，水浴锅。

药品：$SnCl_2$(0.1 mol·L^{-1})，$Pb(NO_3)_2$(0.1 mol·L^{-1})，$SbCl_3$(0.1 mol·L^{-1})，$BiCl_3$(0.1 mol·L^{-1})，NaOH(2 mol·L^{-1}，6 mol·L^{-1})，$FeCl_3$(0.5 mol·L^{-1})，$MnSO_4$(0.1 mol·L^{-1})，H_2SO_4(3 mol·L^{-1})，HCl(2 mol·L^{-1}，浓)，HNO_3(1 mol·L^{-1}，6 mol·L^{-1})，Na_2S(1 mol·L^{-1})，NH_4Ac(饱和)，硫代乙酰胺(0.2 mol·L^{-1}，或饱和 H_2S 水溶液)，KI(0.2 mol·L^{-1}，饱和)，K_2CrO_4(0.1 mol·L^{-1})，PbO_2固体，$NaBiO_3$固体，$SnCl_2$固体，$SbCl_3$固体，$BiCl_3$固体。

其他：淀粉碘化钾试纸，广范 pH 试纸。

四、实验步骤

1. 氢氧化物的酸碱性

取 4 支试管，分别加入 3 滴浓度均为 0.1 mol·L^{-1}的 $SnCl_2$溶液、$Pb(NO_3)_2$溶液、$SbCl_3$溶液、$BiCl_3$溶液，各滴加 2 mol·L^{-1}的 NaOH 溶液，观察沉淀的生成。离心分离后分别加入 2 mol·L^{-1}的 HCl 溶液和 2 mol·L^{-1}的 NaOH 溶液，观察沉淀有何变化，写出离子反应式。

2. 氧化还原性

(1) Sn(Ⅱ)的还原性。

① 取 3 滴 0.5 mol·L^{-1}的 $FeCl_3$溶液(呈何色?)，慢慢滴加 0.1 mol·L^{-1}的 $SnCl_2$溶液，直至溶液呈无色，写出离子反应式。

② 取 3 滴 0.1 mol·L^{-1}的 $SnCl_2$溶液，逐滴加入过量的 2 mol·L^{-1}的 NaOH 溶液至最初的沉淀刚好溶解，补加 2 滴 2 mol·L^{-1}的 NaOH 溶液，再滴加 2 滴 0.1 mol·L^{-1}的 $BiCl_3$溶液，观察沉淀的生成和颜色，写出离子反应式。

(2) Pb(Ⅳ)的氧化性。

① 取少量 PbO_2固体，加入浓 HCl，用湿润的淀粉碘化钾试纸检测，观察现象，写出反应方程式。

② 取少量 PbO_2固体，加入 2 mL 3 mol·L^{-1}的 H_2SO_4溶液及 2 滴 0.1 mol·L^{-1}的 $MnSO_4$溶液，水浴加热 10 min，静置澄清后，观察溶液的颜色，写出离子反应式。

(3) Bi(Ⅴ)的氧化性。

取一支试管,加入 2 滴 0.1 mol · L^{-1}的 $MnSO_4$溶液,以 5 滴 6 mol · L^{-1}的 HNO_3溶液酸化,加入少量 $NaBiO_3$固体,振荡,观察溶液颜色有何变化,写出离子反应式。

3. 盐类水解

① 取 1 小粒 $SnCl_2$固体,加入 1 mL 蒸馏水,观察有何现象发生。用广范 pH 试纸检验溶液的酸碱性。再往溶液中加入 5 滴浓 HCl,微热,观察又有何变化。解释并写出反应方程式。

② 分别用 $SbCl_3$固体和 $BiCl_3$固体代替 $SnCl_2$固体重复上述实验,观察现象。

4. 铅的难溶盐的生成和性质

在 4 支试管中各加入 5 滴 0.1 mol · L^{-1}的 $Pb(NO_3)_2$溶液,然后分别加入 3 滴 2 mol · L^{-1}的 HCl 溶液、0.2 mol · L^{-1}的 KI 溶液、3 mol · L^{-1}的 H_2SO_4溶液、0.1 mol · L^{-1}的K_2CrO_4溶液,观察沉淀的生成和颜色,然后做以下实验。

① 补加 1 mL 蒸馏水,试验 $PbCl_2$在冷水浴和热水浴中的溶解情况,说明 $PbCl_2$的溶解度与温度的关系。

② 试验 PbI_2在饱和 KI 溶液中的溶解情况。

③ 试验 $PbSO_4$在饱和 NH_4Ac 溶液中的溶解情况。

④ 试验 $PbCrO_4$在 6 mol · L^{-1}的 HNO_3溶液和 6 mol · L^{-1}的 NaOH 溶液中的溶解情况。

试写出上述反应的离子反应式。

5. 硫化物的生成和性质

取 4 支试管,分别加入 4 滴硫代乙酰胺溶液和 1 滴 2 mol · L^{-1}的 NaOH 溶液,水浴加热 2 min,再分别加入 3 滴浓度均为 0.1 mol · L^{-1}的 $SnCl_2$溶液、$Pb(NO_3)_2$溶液、$SbCl_3$溶液、$BiCl_3$溶液,水浴加热,观察硫化物的生成和颜色。然后试验各硫化物沉淀在稀 HCl、浓 HCl、稀 HNO_3、2 mol · L^{-1}的 NaOH 溶液、1 mol · L^{-1}的 Na_2S 溶液中的溶解情况。

6. 未知溶液的鉴定(选做)

有一未知溶液,可能是 Sn^{2+}、Pb^{2+}、Sb^{3+}、Bi^{3+}四种离子中的一种,请鉴别。

【注意事项】

Sn、Pb、Sb、Bi 的化合物均有毒,使用时必须特别小心,废液回收到废液桶中。

思 考 题

1. 实验室配制 $SnCl_2$溶液时,为什么要将 $SnCl_2$溶解在 HCl 溶液中,并加入锡粒?
2. 比较二价锡盐和二价铅盐的还原性,四价锡盐和四价铅盐的氧化性。
3. 试验 $Pb(OH)_2$的碱性时,应使用何种酸? 为什么?
4. 为什么 SnS 不溶于 Na_2S,而 SnS_2可溶于 Na_2S? 怎样分离 PbS 和 SnS?

实验 19 铜、银、锌、汞及其化合物的性质

一、实验目的

(1) 掌握 Cu、Ag、Zn、Hg 氧化物或氢氧化物的生成、酸碱性和稳定性。

(2) 掌握 Cu(Ⅰ)与 Cu(Ⅱ)、Hg(Ⅰ)与 Hg(Ⅱ)重要化合物的性质及其相互转化的反应方程式。

(3) 掌握 Cu、Ag、Zn、Hg 重要配合物的性质。

(4) 掌握 Cu^{2+}、Ag^{+}、Zn^{2+}、Hg^{2+} 的分离方法。

二、实验原理

Cu、Ag 属 Ⅰ B 族元素，Zn、Hg 为 Ⅱ B 族元素。Cu、Zn、Hg 常见氧化态为＋2，Ag 为＋1，Cu 与 Hg 的氧化态还有＋1。它们化合物的重要性质如下。

1. 氢氧化物的酸碱性

Ag^{+}、Hg^{2+}、Hg_2^{2+} 与适量 NaOH 反应时，产物是氧化物，这是由于它们的氢氧化物极不稳定，在室温下易脱水所致。

2. 可形成配合物

Cu^{2+}、Cu^{+}、Ag^{+}、Zn^{2+}、Hg^{2+} 等离子都有较强的接受配体的能力，能与多种配体(如 X^{-}、CN^{-}、$S_2O_3^{2-}$、SCN^{-}、NH_3 等)形成配离子。

(1) Cu^{2+}、Ag^{+}、Zn^{2+} 与过量氨水反应时，均生成配离子。$Cu_2(OH)_2SO_4$、AgOH、Ag_2O 等难溶物均溶于氨水形成配合物。汞离子只有在大量铵离子存在时，才与氨水生成配离子，当铵离子不存在时，则生成难溶盐沉淀。

$$HgCl_2+2NH_3\cdot H_2O=HgNH_2Cl\downarrow(\text{白色})+NH_4Cl+2H_2O$$

(2) Cu^{2+}、Ag^{+}、Zn^{2+}、Hg^{2+}、Hg_2^{2+} 与过量碘化钾反应时，除 Zn^{2+} 以外，均与碘离子形成配离子，但由于 Cu^{2+} 的氧化性，产物是 Cu(Ⅰ)的配离子$[CuI_2]^{-}$。Hg_2^{2+} 较稳定，而 Hg(Ⅰ)配离子易歧化，产物是$[HgI_4]^{2-}$与 Hg。汞离子与过量碘离子生成无色$[HgI_4]^{2-}$，它与 NaOH 的混合液称为奈斯勒试剂，可用于鉴定铵离子。

(3) Cu^{2+}、Ag^{+}、Zn^{2+}、Hg^{2+}、Hg_2^{2+} 与氨水、KI 反应产物的颜色变化见表 3-19-1(随时间从上到下)。

表 3-19-1　Cu^{2+}、Ag^{+}、Zn^{2+}、Hg^{2+}、Hg_2^{2+} 与氨水、KI 反应产物的颜色

与氨水反应	$Cu_2(OH)_2SO_4$ 蓝色	Ag_2O 褐色	$Zn(OH)_2$ 白色	HgO 黄色	$HgO\cdot HgNH_2NO_3+Hg$ 灰色
	$[Cu(NH_3)_4]^{2+}$ 深蓝色	$[Ag(NH_3)_2]^{+}$ 无色	$[Zn(NH_3)_4]^{2+}$ 无色	$HgNH_2Cl$ 白色	无现象
与 KI 反应	$CuI\downarrow$ 白色$+I_2$	$AgI\downarrow$ 黄色	无现象	HgI_2 橙红色	Hg_2I_2 黄绿色
	$[CuI_2]^{-}$	$[AgI_2]^{-}$	无现象	$[HgI_4]^{2-}$ 无色	$[HgI_4]^{2-}+Hg$

3. 氧化性

$CuCl_2$ 溶液中加入铜屑，与浓盐酸共沸得到棕黄色$[CuI_2]^{-}$。

$$CuCl_2+Cu+2HCl(\text{浓})=\!=\!=2H[CuCl_2](\text{棕黄色})$$

生成的配离子$[CuI_2]^{-}$不稳定，加水稀释时，可得到白色的 CuCl 沉淀。

碱性介质中，Cu^{2+} 与葡萄糖共热，Cu^{2+} 被还原成红色 Cu_2O 沉淀。银盐溶液中加入过量氨水，再与葡萄糖或甲醛反应，银离子被还原为金属银：

$$2Ag^{+}+6NH_3(\text{过量})+2H_2O=\!=\!=2[Ag(NH_3)_2]^{+}+2NH_4^{+}+2OH^{-}$$

$$2[Ag(NH_3)_2]^{+}+C_6H_{12}O_6+2OH^{-}=\!=\!=2Ag\downarrow+C_6H_{12}O_7+4NH_3+2H_2O$$

此反应称为“银镜反应”，曾用于制造镜子和保温瓶夹层上的镀银。

三、实验用品

仪器:离心机,试管,烧杯,量筒,离心试管。

药品:铜粉,$CuSO_4$(0.1 mol·L^{-1}),$CuCl_2$(1 mol·L^{-1}),$AgNO_3$(0.1 mol·L^{-1}),$ZnSO_4$(0.1 mol·L^{-1}),$Hg(NO_3)_2$(0.1 mol·L^{-1}),$Hg_2(NO_3)_2$(0.1 mol·L^{-1}),NaOH(2 mol·L^{-1}),$NH_3·H_2O$(2 mol·L^{-1},6 mol·L^{-1}),HNO_3(6 mol·L^{-1}),浓 HCl,KI(0.1 mol·L^{-1},饱和),$Na_2S_2O_3$(0.1 mol·L^{-1}),NaCl(0.1 mol·L^{-1}),NaBr(0.1 mol·L^{-1}),葡萄糖(质量分数为 10%)。

四、实验步骤

1. ds 区元素氢氧化物的生成和性质

分别取 5 滴 0.1 mol·L^{-1} $CuSO_4$、$AgNO_3$、$ZnSO_4$、$Hg(NO_3)_2$、$Hg_2(NO_3)_2$ 溶液于 5 支小试管中,各滴加 2 mol·L^{-1} NaOH 溶液,观察现象,并验证沉淀的酸碱性。

2. ds 区元素离子与氨水的反应

分别取 10 滴 0.1 mol·L^{-1} $CuSO_4$、$AgNO_3$、$ZnSO_4$、$Hg(NO_3)_2$、$Hg_2(NO_3)_2$ 溶液于 5 支小试管中,各滴加 2 mol·L^{-1}氨水,观察沉淀的生成与溶解。并验证沉淀是否溶于过量的 6 mol·L^{-1}氨水。

3. ds 区元素离子与 I^- 的反应和 Hg(Ⅰ)与 Hg(Ⅱ)的转化

分别取 5 滴 0.1 mol·L^{-1} $CuSO_4$、$AgNO_3$、$ZnSO_4$、$Hg(NO_3)_2$、$Hg_2(NO_3)_2$ 溶液于 5 支试管中。各滴加 0.1 mol·L^{-1} KI 溶液。若有沉淀,观察沉淀颜色,并验证沉淀是否溶于过量的饱和 KI 溶液。向有 I_2 生成的试管中加入几滴 0.1 mol·L^{-1} $Na_2S_2O_3$ 溶液,至 I_2 完全变为 I^- 后,再向沉淀中滴加饱和 KI 溶液,有何现象?

4. Cu(Ⅱ)的氧化性和 Cu(Ⅰ)与 Cu(Ⅱ)的转化

取 1 mL 1 mol·L^{-1} $CuCl_2$ 溶液于试管中,加入少量铜粉和 1 滴浓 HCl,加热至沸,待溶液呈棕黄色时,停止加热,静置,将上层清液倒入盛有 15 mL 蒸馏水的小烧杯中,观察白色沉淀的生成。静置,用倾析法洗涤白色沉淀两次,分别进行下列实验并观察现象:①向沉淀滴加浓 HCl;②向沉淀中滴加 6 mol·L^{-1}氨水。

5. AgX 的生成与溶解性

取三份 10 滴 0.1 mol·L^{-1} $AgNO_3$ 溶液,分别加入等量 0.1 mol·L^{-1} NaCl、NaBr、KI 溶液,观察沉淀颜色。离心分离,弃去清液。检验沉淀在 2 mol·L^{-1}氨水和 0.1 mol·L^{-1} $Na_2S_2O_3$ 溶液中的溶解度,并归纳 AgX 的溶解性大小。

6. 银镜反应

在洁净的试管中加入 1 mL 0.1 mol·L^{-1} $AgNO_3$ 溶液,滴加 2 mol·L^{-1}氨水至形成的沉淀恰好溶解为止。然后加入 5 滴 10%葡萄糖溶液,摇匀后静置于水浴中加热,观察管壁银镜的生成。

7. 设计并完成

(1) 某试液中含有 Cu^{2+}、Ag^+、Zn^{2+} 三种离子,设计分离方案。

(2) 试选用一种试剂将 Cu^{2+}、Zn^{2+} 和 Hg^{2+} 加以区别。

思　考　题

1. 根据实验结果，比较 ds 区、s 区元素的氢氧化物的颜色、酸碱性、溶解性、价态变化和生成配合物的能力。
2. 检验 ds 区元素氢氧化物的碱性应选用 HCl 还是 HNO_3？为什么？
3. $Hg(NO_3)_2$ 和 $Hg_2(NO_3)_2$ 与 KI 的作用有何不同？
4. 为什么在 $CuSO_4$ 溶液中加入 KI 即产生 CuI 沉淀，而加 KCl 则不出现 CuCl 沉淀？怎样才能得到 CuCl 沉淀？
5. 银镜制作是利用银离子的什么性质？反应前为何要先将 Ag^+ 变成$[Ag(NH_3)_2]^+$？若用葡萄糖直接还原 $AgNO_3$ 溶液能否制得银镜？为什么？

实验 20　铬、锰、铁、钴、镍及其化合物的性质

一、实验目的

(1) 了解 d 区过渡元素的氧化还原性质及规律。

(2) 掌握铬和锰重要氧化态之间的转化反应及其条件。

(3) 观察及掌握 d 区过渡元素配位化合物的特征颜色及其性质。

(4) 学习和掌握铁、钴、镍等元素的鉴定方法。

二、实验原理

铬(Cr)、锰(Mn)的价电子构型分别是 $3d^5 4s^1$、$3d^5 4s^2$，它们的 s 电子和 d 电子都参与成键，最高氧化态分别是 +6、+7。其中，铬的常见氧化态为 +3 和 +6，锰的常见氧化态有 +2、+3、+4、+6 和 +7。

Cr(Ⅲ) 在碱性条件下具有较强的还原性，易被氧化为 Cr(Ⅵ)：

$$\underset{\text{(绿色)}}{2CrO_2^-} + 3H_2O_2 + 2OH^- = \underset{\text{(黄色)}}{2CrO_4^{2-}} + 4H_2O$$

常见的 Cr(Ⅵ)化合物有铬酸钾(K_2CrO_4，黄色)、重铬酸钾($K_2Cr_2O_7$，橙色)、三氧化铬(CrO_3，红色)等，其中 $K_2Cr_2O_7$ 是实验室常用的氧化剂之一。它在溶液中与 CrO_4^{2-} 存在着如下平衡：

$$2CrO_4^{2-} + 2H^+ \rightleftharpoons Cr_2O_7^{2-} + H_2O$$

CrO_4^{2-} 或 $Cr_2O_7^{2-}$ 都可以与 Ba^{2+}、Pb^{2+}、Ag^+ 等阳离子生成难溶铬酸盐沉淀：

$$Ba^{2+} + CrO_4^{2-} = BaCrO_4 \downarrow$$

$$2Ba^{2+} + Cr_2O_7^{2-} + H_2O = 2BaCrO_4 \downarrow + 2H^+$$

锰(Mn)具有多个稳定价态，其电势图如图 3-20-1 所示。

从以上电势图可知，在酸性溶液中 Mn^{2+} 最稳定，只有强氧化剂如$(NH_4)_2S_2O_8$、$NaBiO_3$、PbO_2 等能将其氧化成 MnO_4^-。MnO_4^-、MnO_2 都是较强的氧化剂，且能稳定存在。

Mn^{2+} 溶液中加入 NaOH 溶液或氨水都生成白色的 $Mn(OH)_2$ 沉淀，$Mn(OH)_2$ 在空气中易被氧化为 $MnO(OH)_2$(棕色)。

MnO_2 既可作氧化剂又可作还原剂，在强酸中有较强的氧化性。加热条件下 MnO_2 与浓盐酸作用生成 Cl_2，与浓硫酸作用生成 O_2；在碱性条件下熔融，可被氧化至深绿色的 Mn(Ⅵ)：

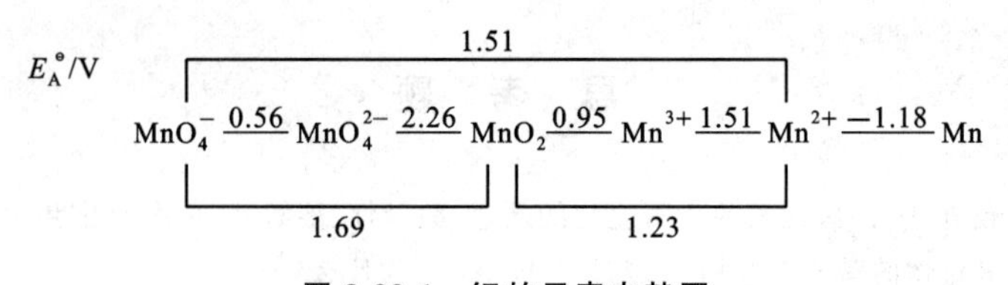

图 3-20-1 锰的元素电势图

$$3MnO_2+6KOH+KClO_3 = 3K_2MnO_4+KCl+3H_2O$$

产物 K_2MnO_4 经歧化或电解可得到 $KMnO_4$，工业上通常采用此方法制备 $KMnO_4$。

$KMnO_4$ 是实验室常用的氧化剂之一。它的氧化能力和还原产物因介质酸碱性不同而有着显著差别，在酸性、中性(或弱碱性)、强碱性介质中，它的还原产物依次为 Mn^{2+}、MnO_2、MnO_4^{2-}。

铁(Fe)、钴(Co)、镍(Ni)均属于第四周期铁系元素，其价电子构型为 $3d^{6\sim8}4s^2$。除 2 个 s 电子参与成键外，内层的 d 轨道电子也可能参与成键，因此，氧化态为+2 和+3 的铁稳定，氧化态为+6 的铁不稳定。氧化态为+2 的钴和镍稳定。

Fe、Co、Ni 的氢氧化物有 $M(OH)_2$ 和 $M(OH)_3$ 两种，其中 M 的氧化态分别为+2 和+3，它们都难溶于水，其氧化还原性质的递变规律如图 3-20-2 所示。

还原性增强 ←

$Fe(OH)_2$	$Co(OH)_2$	$Ni(OH)_2$
(白色)	(粉红色)	(绿色)
$Fe(OH)_3$	$Co(OH)_3$	$Ni(OH)_3$
(棕红色)	(棕色)	(黑色)

→ 氧化性增强

图 3-20-2 $M(OH)_2$ 和 $M(OH)_3$ 性质的递变规律

Fe(Ⅱ)盐在空气中不稳定，易被氧化为 Fe(Ⅲ)盐，因此实验室通常使用较为稳定的复盐 $(NH_4)_2SO_4 \cdot FeSO_4 \cdot 6H_2O$ 代替 Fe(Ⅱ)盐。

Co 通常以 Co(Ⅱ)形式存在，Co(Ⅲ)因具有强氧化性，仅在碱性及配位条件下能够稳定存在。Ni(Ⅲ)具有极强的氧化性，在水溶液中仅以 Ni(Ⅱ)形式稳定存在。

由于存在非成对 d 电子，Fe(Ⅱ)、Co(Ⅱ)、Ni(Ⅱ)的水合物均具有颜色。铁系元素能够与多种配离子，如 SCN^-、CN^-、F^-、Cl^- 及 $C_2O_4^{2-}$、en、EDTA 等形成配合物，因此通常利用其配位性质来鉴定铁系元素离子。此外，Co^{2+}、Co^{3+}、Ni^{2+} 都可形成氨合物，而 Fe^{2+}、Fe^{3+} 因容易水解而不形成氨合物。

三、实验用品

仪器：电炉，离心机。

药品：$CrCl_3$(0.1 mol·L^{-1})，H_2O_2(3%)，H_2SO_4(6 mol·L^{-1})，$MnSO_4$(0.1 mol·L^{-1})，NaOH(2 mol·L^{-1}，6 mol·L^{-1})，HCl(1∶1，6 mol·L^{-1}，浓)，$KMnO_4$(0.01 mol·L^{-1})，Na_2SO_3(0.1 mol·L^{-1})，$(NH_4)_2Fe(SO_4)_2$(饱和)，$FeCl_3$(0.1 mol·L^{-1})，$Fe_2(SO_4)_3$(0.05 mol·L^{-1})，$CoCl_2$(0.1 mol·L^{-1}，2 mol·L^{-1})，$NiSO_4$(0.1 mol·L^{-1})，氨水(2 mol·L^{-1})，

$KSCN(1\ mol \cdot L^{-1})$，$Na_2CO_3(0.1\ mol \cdot L^{-1})$，$K_4[Fe(CN)_6](0.1\ mol \cdot L^{-1})$，$K_3[Fe(CN)_6]$ $(0.1\ mol \cdot L^{-1})$，$K_2CrO_4(0.1\ mol \cdot L^{-1})$，$K_2Cr_2O_7(0.1\ mol \cdot L^{-1})$，$AgNO_3(0.1\ mol \cdot L^{-1})$，$BaCl_2(0.1\ mol \cdot L^{-1})$，$Pb(NO_3)_2(0.1\ mol \cdot L^{-1})$，$NaBiO_3$固体，$MnO_2$固体，乙醇(95%)，乙醚，丙酮，溴水，邻二氮菲溶液(0.15%)，丁二酮肟(1%，95%乙醇溶液)。

其他：淀粉碘化钾试纸。

四、实验步骤

1. 铬、锰、铁、钴、镍的氧化还原性

1)铬的氧化还原性

(1) Cr(Ⅲ)的还原性。

取 5 滴 $0.1\ mol \cdot L^{-1}$的 $CrCl_3$溶液，向其中逐滴加入 5 滴 $2\ mol \cdot L^{-1}$的 NaOH 溶液，观察沉淀的产生及溶解，再加入 5 滴 3%的 H_2O_2溶液，水浴加热片刻，观察溶液颜色变化，沸腾 1～2 min(为什么?)，再滴加 5 滴 $6\ mol \cdot L^{-1}$的 H_2SO_4溶液使溶液变为橙色。

写出以上各步离子反应式，标明 Cr 的价态变化，并说明 Cr 在不同化合态之间的转换条件。

(2) Cr(Ⅵ) 的氧化性。

① 在上一步得到的橙色溶液中加入 10 滴 95%的乙醇，微热片刻，观察现象。

$$2Cr_2O_7^{2-}+3CH_3CH_2OH+16H^+ = 4Cr^{3+}+3CH_3COOH+11H_2O$$

此反应可用于检测酒后驾车。

② 过氧化铬(CrO_5)的生成及其氧化性。在试管中加入 2 滴 $0.1\ mol \cdot L^{-1}$的 $K_2Cr_2O_7$溶液、5 滴 $6\ mol \cdot L^{-1}$的 H_2SO_4溶液及约 1 滴管乙醚，再加入 5 滴 3%的 H_2O_2溶液，轻轻振荡，观察水层与乙醚层颜色的变化。此反应可用来鉴定 CrO_4^{2-}或 $Cr_2O_7^{2-}$。

$$Cr_2O_7^{2-}+4H_2O_2+2H^+ = 2CrO_5+5H_2O$$

产物 CrO_5在水溶液中不稳定，萃取到乙醚层中之后将呈现出蓝色。试指出产物 CrO_5中 Cr 元素的化合价。

另取一支试管，加入 2 滴 $0.1\ mol \cdot L^{-1}$的 $K_2Cr_2O_7$溶液、5 滴 $6\ mol \cdot L^{-1}$的 H_2SO_4溶液及 5 滴 3%的 H_2O_2溶液，轻轻振荡，观察现象。最后加入约一滴管乙醚，观察乙醚层的颜色。通过对比实验，说明在上一步实验中水层颜色变化的原因，写出相关离子反应式。

2) 锰的氧化还原性

(1) Mn(Ⅱ)的还原性。

取 1 滴 $0.1\ mol \cdot L^{-1}$的 $MnSO_4$溶液，向其中加入 2 滴 $6\ mol \cdot L^{-1}$的 NaOH 溶液，观察沉淀的颜色，放置 2 min，观察沉淀颜色的变化，写出相关离子反应式。

另取 1 滴 $0.1\ mol \cdot L^{-1}$的 $MnSO_4$溶液，用少量水稀释后加入 5 滴 $6\ mol \cdot L^{-1}$的 H_2SO_4溶液使其酸化，再加入少许 $NaBiO_3$固体，轻轻振荡，观察溶液颜色变化，写出相关离子反应式。此反应可用于 Mn(Ⅱ)的鉴定。

(2) Mn(Ⅳ)的氧化还原性。

在少许 MnO_2固体中加入 3 滴浓 HCl 溶液，微热，用淀粉碘化钾试纸检验有无 Cl_2生成。

写出其离子反应式。

另取少许 MnO_2 固体，加入 2 滴 6 mol·L^{-1} 的 NaOH 溶液及 2 滴 0.01 mol·L^{-1} 的 $KMnO_4$ 溶液，摇匀后微热，并观察现象。写出反应方程式。

(3) Mn(Ⅶ)的氧化性。

分别按以下步骤试验 $KMnO_4$ 在酸性、中性及碱性条件下与 Na_2SO_3 溶液的作用，观察各自现象，并写出相关离子反应式。

①取 2 滴 0.01 mol·L^{-1} 的 $KMnO_4$ 溶液，加入 2 滴 6 mol·L^{-1} 的 H_2SO_4 溶液后，再向其中加入 2 滴 0.1 mol·L^{-1} 的 Na_2SO_3 溶液。

②取 2 滴 0.01 mol·L^{-1} 的 $KMnO_4$ 溶液，直接加入 2 滴 0.1 mol·L^{-1} 的 Na_2SO_3 溶液。

③取 2 滴 0.01 mol·L^{-1} 的 $KMnO_4$ 溶液，加入 2 滴 6 mol·L^{-1} 的 NaOH 溶液后，再向其中加入 2 滴 0.1 mol·L^{-1} 的 Na_2SO_3 溶液。

3) 铁、钴、镍的氧化还原性

(1) 氢氧化物的生成及其还原性。

取 2 滴饱和 $(NH_4)_2Fe(SO_4)_2$ 溶液，加入 2 滴 6 mol·L^{-1} 的 NaOH 溶液，观察灰绿色沉淀的生成。放置 5 min，观察沉淀颜色变化。写出 $Fe(OH)_2$ 被氧化的离子反应式。向得到的沉淀中加入 3 滴 3% 的 H_2O_2 溶液，振荡摇匀，待沉淀完全变为红棕色后，放置备用。

另取 1 滴 2 mol·L^{-1} 的 $CoCl_2$ 溶液，加入 2 滴 6 mol·L^{-1} 的 NaOH 溶液，观察沉淀颜色。振荡后放置 5 min，观察沉淀颜色有无变化。再加入 3 滴 3% 的 H_2O_2 溶液，观察沉淀颜色的变化，写出沉淀被氧化的离子反应式。沉淀放置备用。

再取一支试管，加入 2 滴 0.1 mol·L^{-1} 的 $NiSO_4$ 溶液及 2 滴 6 mol·L^{-1} 的 NaOH 溶液，观察沉淀颜色，再加入 3 滴 3% 的 H_2O_2 溶液，观察沉淀有无变化。将试管于沸水浴加热 2～3 min以除去 H_2O_2，再加入 1～2 滴溴水，观察现象。写出相关离子反应式。

将上述三支试管用少量水洗涤并离心分离，得到 $Fe(OH)_3$、$Co(OH)_3$、$Ni(OH)_3$ 沉淀。

根据以上实验现象，比较 Fe(Ⅱ)、Co(Ⅱ)、Ni(Ⅱ)的还原性。

(2) Fe(Ⅲ)、Co(Ⅲ)、Ni(Ⅲ)的氧化性。

分别向上一步得到的三份沉淀中加入 3～5 滴浓 HCl，观察现象，并用淀粉碘化钾试纸检验有无 Cl_2 生成。写出相关反应方程式。

2. 配合物的生成及离子鉴定

1) 水溶液中离子的颜色

结合前面的实验内容，观察并说明以下离子的颜色：

$[Cr(H_2O)_6]^{3+}$、$[Mn(H_2O)_6]^{2+}$、$[Fe(H_2O)_6]^{2+}$、$[Co(H_2O)_6]^{2+}$、$[Ni(H_2O)_6]^{2+}$、CrO_4^{2-}、$Cr_2O_7^{2-}$、MnO_4^{2-}、MnO_4^-。

2) 氨合物的生成

各取 3 滴饱和 $(NH_4)_2Fe(SO_4)_2$ 溶液、0.1 mol·L^{-1} 的 $CoCl_2$ 溶液和 0.1 mol·L^{-1} 的 $NiSO_4$ 溶液，分别向其中逐滴加入 2 mol·L^{-1} 的氨水直至过量，注意观察沉淀的生成及溶解情况，写出相关离子反应式。试比较 Fe(Ⅱ)、Co(Ⅱ)及 Ni(Ⅱ)形成氨合物的能力。

3) 铁、钴、镍的鉴定

(1) Fe(Ⅱ)及Fe(Ⅲ)的鉴定。

① 取1滴饱和$(NH_4)_2Fe(SO_4)_2$溶液，加入1滴邻二氮菲溶液，观察溶液颜色变化。

$$Fe^{2+} + 3\,(\text{phen}) \longrightarrow [Fe(\text{phen})_3]^{2+}$$

② 另取1滴饱和$(NH_4)_2Fe(SO_4)_2$溶液，加1滴铁氰化钾($K_3[Fe(CN)_6]$)溶液，观察现象。

③ 取1滴0.1 $mol \cdot L^{-1}$的$FeCl_3$溶液，加1滴1 $mol \cdot L^{-1}$的KSCN溶液。写出离子反应式。

④ 另取1滴0.1 $mol \cdot L^{-1}$的$FeCl_3$溶液，加1滴亚铁氰化钾($K_4[Fe(CN)_6]$)溶液，观察现象。

(2) Co(Ⅱ)的鉴定。

① 在一小片滤纸上滴1滴2 $mol \cdot L^{-1}$的$CoCl_2$溶液，于电炉上方烘干，观察现象。在干燥后的滤纸上再加1滴蒸馏水，观察现象。根据实验现象在下方括号里填写相应颜色。

$$\underset{(\quad)}{CoCl_2 \cdot 6H_2O} \underset{H_2O}{\overset{52\ ℃}{\rightleftharpoons}} \underset{(紫红色)}{CoCl_2 \cdot 2H_2O} \underset{H_2O}{\overset{90\ ℃}{\rightleftharpoons}} \underset{(蓝紫色)}{CoCl_2 \cdot H_2O} \underset{H_2O}{\overset{120\ ℃}{\rightleftharpoons}} \underset{(\quad)}{CoCl_2}$$

② 在1滴0.1 $mol \cdot L^{-1}$的$CoCl_2$溶液中加入5滴丙酮，再加入1滴1 $mol \cdot L^{-1}$的KSCN溶液，观察现象，写出离子反应式。

(3) Ni(Ⅱ)的鉴定。

取1滴0.1 $mol \cdot L^{-1}$的$NiSO_4$溶液，加入1滴2 $mol \cdot L^{-1}$的氨水，再加入1滴1%的丁二酮肟乙醇溶液，观察现象。

$$Ni^{2+} + 2\,HO{-}N{=}C(CH_3){-}C(CH_3){=}N{-}OH + 2NH_3 \longrightarrow Ni(C_4H_7N_2O_2)_2 \downarrow + 2NH_4^+$$

3. Cr(Ⅲ)、Fe(Ⅲ)盐的水解及性质

1) Cr(Ⅲ)盐

取1滴0.1 $mol \cdot L^{-1}$的$CrCl_3$溶液，向其中加入3滴0.1 $mol \cdot L^{-1}$的Na_2CO_3溶液，观察现象，写出离子反应式。

另取一支试管重做一份，将得到的两份$Cr(OH)_3$沉淀分别以6 $mol \cdot L^{-1}$的HCl溶液、6 $mol \cdot L^{-1}$的NaOH溶液试验它们在酸性及强碱性条件下的溶解性。写出离子反应式。

2) Fe(Ⅲ)盐

用 100 mL 烧杯加热约 20 mL 蒸馏水,沸腾后,向其中滴加 3～5 滴 0.05 mol·L^{-1}的 $Fe_2(SO_4)_3$溶液,继续沸腾片刻,观察现象,写出 Fe(Ⅲ)水解反应方程式。

用同样方法试验 0.1 mol·L^{-1}的 $FeCl_3$溶液,观察溶液水解情况。再向其中加入 3～5 滴 0.1 mol·L^{-1}的 Na_2CO_3溶液,观察其水解情况。

比较 $FeCl_3$与 $Fe_2(SO_4)_3$两者水解能力的强弱。

4. CrO_4^{2-}难溶盐的生成

取 1 滴 0.1 mol·L^{-1}的 K_2CrO_4溶液,加入 1 滴 0.1 mol·L^{-1}的 $AgNO_3$溶液,观察现象,并检验沉淀产物在强酸(6 mol·L^{-1}的 HCl 溶液)中的溶解性。写出相关离子反应式。

用同样方法试验 0.1 mol·L^{-1}的 $BaCl_2$溶液及 0.1 mol·L^{-1}的 $Pb(NO_3)_2$溶液。写出相关离子反应式。

用 0.1 mol·L^{-1}的 $K_2Cr_2O_7$溶液代替 0.1 mol·L^{-1}的 K_2CrO_4溶液,试验其与 $AgNO_3$溶液、$BaCl_2$溶液、$Pb(NO_3)_2$溶液的反应。写出相关离子反应式。

【注意事项】

ⅰ. $Cr(OH)_3$应为灰蓝色沉淀。但新配制的 $CrCl_3$溶液为绿色,$CrCl_3$与过量 NaOH 溶液生成的$[Cr(OH)_4]^-$也是绿色的。灰蓝色 $Cr(OH)_3$沉淀与绿色的 $CrCl_3$或$[Cr(OH)_4]^-$溶液共存,观察到的沉淀略显灰绿色,如果将沉淀洗涤、离心分离,沉淀即为灰蓝色。

ⅱ. $Fe(OH)_2$应为白色沉淀,但通常只能看到灰绿色物质,即“绿锈”,可以简单地认为是 $Fe(OH)_2$与 $Fe(OH)_3$以一定方式组合形成的特殊物质。如果要得到白色沉淀,可先将 6 mol·L^{-1}的 NaOH 溶液煮沸片刻以除去溶解氧,并以除氧蒸馏水配制饱和 Fe(Ⅱ)盐溶液,以长滴管吸取 NaOH 溶液并伸入到 Fe(Ⅱ)盐溶液中,挤出 NaOH 溶液,方可看到灰白色或白色的$Fe(OH)_2$沉淀。

ⅲ. Co^{2+}与 NaOH 反应一般先生成蓝色沉淀,为碱式盐沉淀,不是稳定状态,放置或受热时继续与 NaOH 反应生成粉红色 $Co(OH)_2$沉淀。

ⅳ. 在水溶液中,过渡金属离子通常以水合离子的形式存在,因此其水溶液颜色通常即为水合离子所表现出来的颜色。其中,$[Mn(H_2O)_6]^{2+}$为淡粉色,但浓度较低时近乎为无色。

思 考 题

1. 根据实验内容,试归纳铬、锰、铁、钴、镍等各自的离子鉴定方法。
2. 饱和 $K_2Cr_2O_7$溶液与浓硫酸的混合溶液即为铬酸洗液,新配制的铬酸洗液可以看到有 CrO_3晶体析出。铬酸洗液具有极强的氧化性,在实验室常用于洗涤玻璃器皿以除去油污,失效的洗液经再生处理后可重复使用。请说明如何简单判断铬酸洗液失效与否,为什么?
3. 怎样实现下列反应物间的相互转化?写出离子反应式,指出下列各物质的颜色。

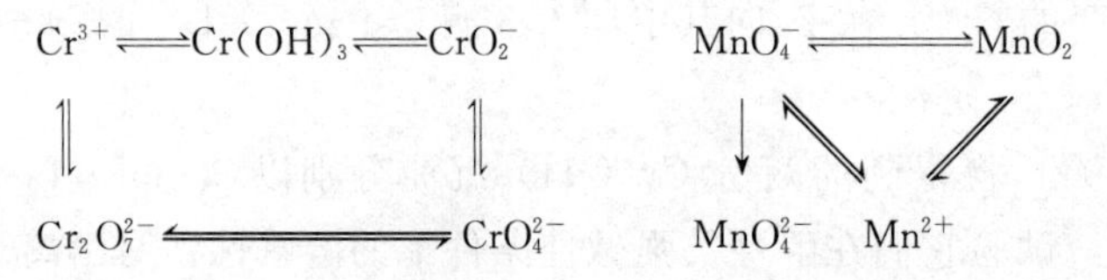

第四部分　综合与设计性实验

实验1　粗食盐的提纯、性质及杂质限度的检验

一、实验目的

(1) 巩固减压过滤、蒸发浓缩等基本操作。

(2) 了解沉淀溶解平衡原理的应用。

(3) 学习在分离提纯物质的过程中,定性检验某种物质是否已除尽的方法。

二、实验原理

氯化钠试剂或氯碱工业用的食盐水,都是以粗食盐为原料进行提纯的。粗食盐中除了含有泥沙等不溶性杂质外,还含有 K^+、Ca^{2+}、Mg^{2+} 和 SO_4^{2-} 等可溶性杂质。不溶性杂质可用过滤的方法除去,可溶性杂质中的 Ca^{2+}、Mg^{2+} 和 SO_4^{2-} 则需通过加入 Na_2CO_3、NaOH 和 $BaCl_2$ 溶液,生成难溶的碳酸盐或碱式碳酸盐、硫酸盐沉淀而除去;也可加入 $BaCO_3$ 固体和 NaOH 溶液进行如下反应除去:

$$BaCO_3 \rightleftharpoons Ba^{2+} + CO_3^{2-}$$

$$Ba^{2+} + SO_4^{2-} \rightleftharpoons BaSO_4 \downarrow$$

$$Ca^{2+} + CO_3^{2-} \rightleftharpoons CaCO_3 \downarrow$$

$$Mg^{2+} + 2OH^- \rightleftharpoons Mg(OH)_2 \downarrow$$

上述两种提纯方法可由两位同学合作进行实验,最后写出评述性报告。

三、实验用品

仪器:电子天平,温度计,电炉,循环水真空泵,烧杯(250 mL),玻璃棒,蒸发皿,量筒(100 mL、10 mL),小试管,布氏漏斗,抽滤瓶,石棉网,胶头滴管。

药品:HCl(6 mol·L^{-1}),NaOH(6 mol·L^{-1}),$BaCl_2$(1 mol·L^{-1}),$(NH_4)_2C_2O_4$(饱和),粗食盐,$BaCO_3$(固体),NaOH(2 mol·L^{-1})和 Na_2CO_3(饱和)混合溶液(体积比为1∶1),镁试剂。

其他:滤纸,广范 pH 试纸。

四、实验步骤

1. 粗食盐溶解

称取 20.0 g 粗食盐于 250 mL 烧杯中,加入 70 mL 水,加热搅拌使其溶解。

2. 除去 Ca^{2+}、Mg^{2+} 和 SO_4^{2-}

(1) $BaCl_2$,NaOH-Na_2CO_3 法

①除去 SO_4^{2-}。

加热溶液至沸，边搅拌边滴加 1 $mol \cdot L^{-1}$ $BaCl_2$ 溶液至 SO_4^{2-} 除尽为止[①]。继续加热煮沸数分钟。过滤。

②除去 Ca^{2+}、Mg^{2+} 和过量的 Ba^{2+}。

将滤液加热至沸，边搅拌边滴加 $NaOH$-Na_2CO_3 混合溶液，至溶液的 pH 值约为 11。取清液检验 Ba^{2+} 除尽后，继续加热数分钟。抽滤。

③除去剩余的 CO_3^{2-}。

加热搅拌溶液，滴加 6 $mol \cdot L^{-1}$ HCl 至溶液的 pH 值为 2～3。

(2) $BaCO_3$-NaOH 法

①除去 Ca^{2+} 和 SO_4^{2-}。

在粗食盐水溶液中，加入约 1.0 g $BaCO_3$ 固体(比 Ca^{2+} 和 SO_4^{2-} 的含量约过量 10%(质量分数)[②])。在 25 ℃左右搅拌溶液 20～30 min。取上层清液，用饱和 $(NH_4)_2C_2O_4$ 溶液检验 Ca^{2+}，如尚未除尽，需继续加热搅拌溶液，至除尽为止。

②除去 Mg^{2+}。

用 6 $mol \cdot L^{-1}$ NaOH 调节上述溶液至 pH 值约为 11。取上层清液，分别加入 2～3 滴 6 $mol \cdot L^{-1}$ NaOH 和镁试剂，证实 Mg^{2+} 除尽后，加热数分钟，过滤。

③溶液的中和。

用 6 $mol \cdot L^{-1}$ HCl 调节溶液的 pH 值为 5～6。

3. 蒸发、结晶

加热蒸发浓缩上述溶液，并不断搅拌至稠状(不能蒸干，为什么?)。趁热抽干后转入蒸发皿内用小火炒干。冷却至室温，称重，计算产率。

4. 产品质量检验

取粗食盐和产品各 1 g 左右，分别溶于约 5 mL 蒸馏水中。定性检验溶液中是否含有 SO_4^{2-}、Ca^{2+} 和 Mg^{2+}，比较实验结果。

①检查 SO_4^{2-} 是否除尽时，可将烧杯从石棉网上取下，取少量上层清液过滤于小试管内，加入几滴 1 $mol \cdot L^{-1}$ $BaCl_2$ 溶液。如果有混浊，说明 SO_4^{2-} 未除尽，需再加入 $BaCl_2$ 溶液。如果不混浊，表示 SO_4^{2-} 已除尽。

②海食盐中一般含有 0.1%～0.25%(质量分数)的 Ca^{2+}，含有 1.0%～1.3%(质量分数)的 SO_4^{2-}。

五、数据记录及处理

粗食盐的提纯与数据及处理结果见表 4-1-1 与表 4-1-2。

表 4-1-1 粗食盐的提纯

相关数据	实验内容	实验现象	解释
方法一			
方法二			
比较两种方法的优缺点：			

表 4-1-2　数据及处理结果

相关数据	$m_{粗食盐}$	$m_{精食盐}$	$w_{精食盐}$
方法一			
方法二			

表 4-1-3　精食盐的品质

离子	SO_4^{2-}	Ca^{2+}	Mg^{2+}	Ba^{2+}
方法一				
方法二				
粗食盐				
比较两种方法的优缺点：				

【注意事项】

ⅰ. 沉淀剂不宜多加。转移样品时需对玻璃棒和烧杯进行冲洗。

ⅱ. 两种方法调节 pH 值约为 11 之前，补水约 70 mL，若调节好 pH 值后再补水，Mg^{2+} 除不净。

ⅲ. 抽滤前要注意补水（适量），控制在约 70 mL。

ⅳ. 滤液转移至蒸发皿中调 pH 值为 5～6；蒸发、浓缩至稠状，不得蒸干。

思　考　题

1. 用化学法除去 SO_4^{2-}、Mg^{2+}、Ca^{2+} 的先后顺序是否可以倒置过来？为什么？
2. 用什么方法可以除去粗食盐中不溶性杂质和可溶性杂质？依据是什么？

实验 2　药用氯化钠的制备、性质及杂质限度的检测

一、实验目的

（1）学习、掌握药用氯化钠的提纯、制备方法。

（2）练习和巩固称量、溶解、沉淀、过滤、蒸发浓缩等基本操作。

（3）了解《中华人民共和国药典》对药用氯化钠的鉴别、检查方法。

（4）了解标准溶液及其配制方法。

二、实验原理

1. 药用氯化钠的制备

药用氯化钠是以粗食盐为原料进行提纯的。粗食盐中除了含有泥沙、杂草等不溶性杂质外，还含有可溶性杂质如 SO_4^{2-}、Ca^{2+}、Mg^{2+}、Fe^{3+}、K^+、Br^-、I^- 等离子。不溶性杂质可通过将粗食盐溶于水后过滤的方法除去，Ca^{2+}、Mg^{2+} 和 SO_4^{2-} 可通过化学沉淀方法除去。常用的化学方法是先加入稍过量的 $BaCl_2$ 溶液，将 SO_4^{2-} 转化为难溶的 $BaSO_4$ 沉淀，通过过滤而除去。再向该溶液中加入 $NaOH$-Na_2CO_3 混合溶液，Ca^{2+}、Mg^{2+}、Fe^{3+} 以及过量的 Ba^{2+} 可分别生成相

应的沉淀而除去。

$$2Mg^{2+}+2OH^{-}+CO_3^{2-}=\!=\!=Mg_2(OH)_2CO_3\downarrow$$

过滤后,原溶液中的 Ca^{2+}、Mg^{2+}、Fe^{3+} 和 Ba^{2+} 都已除去,但又引进了过量的 CO_3^{2-} 和 OH^-,加入 HCl 溶液将溶液调至弱酸性,可除去 CO_3^{2-} 和 OH^-。

少量可溶性杂质如 K^+、Br^-、I^- 等,由于含量很少,可根据溶解度的不同,在重结晶时,使其残留在母液中而除去。

2. 制品氯化钠的性质及杂质限度的检测

鉴别实验是根据标示物的分子结构、理化性质,采用化学、物理化学或生物学方法来判断标示物真伪的特征实验,是化学试剂和药品质量检验工作中的首项任务。

本实验是根据《中华人民共和国药典》中药用氯化钠的有关规定,对被检标示物氯化钠的组成或离子所作的特征实验,即氯化钠的组成离子 Na^+ 和 Cl^- 的特征实验。

钡盐、钾盐、钙盐、镁盐及硫酸盐的限度检查,是根据沉淀反应的原理,将样品管和标准管在相同条件下进行比浊实验,如果试样溶液的浊度低于标准溶液的浊度,则认为杂质的含量低于某一规定的限度。

Pb、Cu、Hg、Cr、Co、Zn 等重金属离子在一定条件下能与 H_2S 或 Na_2S 作用而显色。《中华人民共和国药典》规定是在弱酸条件下进行,用稀 HAc 调节弱酸环境。实验证明,在 pH=3 时,PbS 沉淀最完全。

重金属的检查,是在相同条件下进行的试样与标准品的比色实验。

三、实验用品

仪器:台秤,烧杯,量筒,漏斗,减压过滤装置,奈氏比色管(10 mL、50 mL),蒸发皿,石棉网,电炉,水浴锅。

药品:粗食盐,H_2S(饱和),HCl(0.02 $mol\cdot L^{-1}$,0.1 $mol\cdot L^{-1}$,2 $mol\cdot L^{-1}$),HNO_3(6 $mol\cdot L^{-1}$),H_2SO_4(0.5 $mol\cdot L^{-1}$,1.5 $mol\cdot L^{-1}$),HAc(0.1 $mol\cdot L^{-1}$,3 $mol\cdot L^{-1}$),NaOH(0.02 $mol\cdot L^{-1}$,0.1 $mol\cdot L^{-1}$),$NH_3\cdot H_2O$(2 $mol\cdot L^{-1}$),氨试液[①],$BaCl_2$(25%),Na_2CO_3(饱和),$AgNO_3$(0.1 $mol\cdot L^{-1}$),$KMnO_4$(0.1 $mol\cdot L^{-1}$),KI(0.1 $mol\cdot L^{-1}$),KBr(0.1 $mol\cdot L^{-1}$),$(NH_4)_2S_2O_8$(0.1 $mol\cdot L^{-1}$),NH_4SCN(0.1 $mol\cdot L^{-1}$),Na_2HPO_4(0.1 $mol\cdot L^{-1}$),$(NH_4)_2C_2O_4$(0.1 $mol\cdot L^{-1}$),$CaCl_2$(0.1 $mol\cdot L^{-1}$),$MgCl_2$(0.1 $mol\cdot L^{-1}$),CCl_4,氯水,$NaB(C_6H_5)_4$溶液[②],硫酸钾标准溶液[③],铁标准溶液[④],氯仿,铅标准溶液[⑤],溴百里酚蓝指示剂。

其他:广范 pH 试纸,淀粉碘化钾试纸[⑥],滤纸。

四、实验步骤

1. 药用氯化钠的制备

称取粗食盐 100 g,置蒸发皿中在电炉上炒至无爆裂声(或由实验室炒制粗食盐备用)。转移至烧杯中,加 200 mL 水搅拌,继续加约 100 mL 水至粗食盐完全溶解,趁热用倾析法过滤,用 2 mL 热水洗涤滤渣,合并滤液,弃去滤渣。将所得滤液加热至近沸,滴加 25% 的 $BaCl_2$ 溶液(约需 20 mL),搅拌,直至不再有沉淀生成为止。停止加热,静置片刻,沿烧杯壁滴加数滴 $BaCl_2$ 溶液,如溶液中无白色沉淀产生,表示 SO_4^{2-} 已沉淀完全。继续加热煮沸数分钟,过滤,弃去沉淀。

将滤液移至另一干净的烧杯中，加入数滴饱和 H_2S 溶液，观察是否有沉淀生成。若无沉淀，不再滴加 H_2S 溶液。逐滴加入 NaOH 溶液和饱和 Na_2CO_3 溶液所组成的混合溶液（1∶1 体积混合），将溶液的 pH 值调至 11，加热至沸腾，使反应完全。减压过滤，弃去沉淀。

将滤液移入蒸发皿中，滴加 2 $mol \cdot L^{-1}$ 的 HCl 溶液调节溶液的 pH 值为 4～5，然后缓慢加热蒸发，浓缩至糊状稠液时停止搅拌。冷却至室温，减压过滤，即得提纯的药用 NaCl 晶体。将所得的 NaCl 晶体转移至蒸发皿中，缓慢烘干。冷却至室温后称量，计算产率。

2. 制品药用氯化钠的性质及杂质限度的检测

1）澄清度

取制品 1 g，加 5 mL 蒸馏水溶解后，溶液应透明。将溶液分成四等份，留做以下实验。

2）酸碱度

取上层清液一份，加 1 滴溴百里酚蓝指示剂。如显黄色，加 1 滴 0.02 $mol \cdot L^{-1}$ 的 NaOH 溶液，应变为蓝色；如显蓝色，加 1 滴 0.02 $mol \cdot L^{-1}$ 的 HCl 溶液，应变为黄色。

3）氯化物的鉴别反应

（1）生成氯化银沉淀。

取上层清液两份，各加 2 滴 $AgNO_3$ 溶液，即生成凝乳状白色沉淀。一支试管中加入 2 滴 2 $mol \cdot L^{-1}$ 的 $NH_3 \cdot H_2O$，另一支加入 2 滴 6 $mol \cdot L^{-1}$ 的 HNO_3 溶液，观察现象。

（2）还原性实验。

取上层清液一份，加 $KMnO_4$ 溶液与稀 H_2SO_4，加热，试管口放一条湿润的淀粉碘化钾试纸，观察现象。

4）碘化物与溴化物的检查

取制品 2 g，加 6 mL 蒸馏水溶解后，加 1 mL 氯仿，并加用等量蒸馏水稀释的氯水，边滴边振荡，如氯仿层不显紫红色、黄色或橙色，表明 Br^-、I^- 符合标准。

对照实验：分别取碘化物和溴化物溶液各 1 mL，分置于 2 支试管内，各加 0.5 mL 氯仿，并滴加氯水，振摇。两试管中分别显示紫红色、黄色（或红棕色）。

5）钡盐、钾盐、钙盐、镁盐、铁盐及硫酸盐的检查

（1）钡盐检查。

取制品 4 g，用 20 mL 蒸馏水溶解，过滤，滤液分为两等份，其中一份加入 2 mL 0.5 $mol \cdot L^{-1}$ 的 H_2SO_4 溶液，静置 2 h，两溶液应同样透明。

（2）钾盐检查。

取制品 5 g，加 20 mL 蒸馏水溶解后，加 2 滴 0.1 $mol \cdot L^{-1}$ 的 HAc 溶液，加 2 mL $NaB(C_6H_5)_4$ 溶液，再加蒸馏水至 50 mL，如显混浊，与 12.3 mL 硫酸钾标准溶液用同一方法制成的对照溶液比较，不得更浓（0.02%）。其反应式为

$$K^+ + [B(C_6H_5)_4]^- = KB(C_6H_5)_4 \downarrow \atop \text{（白色）}$$

（3）钙盐、镁盐检查。

取制品 4 g，加 20 mL 蒸馏水溶解后，加 2 mL 氨试液摇匀，分成两等份。一份加 1 mL 0.1 $mol \cdot L^{-1}$ 的 $(NH_4)_2C_2O_4$ 溶液，另一份加 1 mL 0.1 $mol \cdot L^{-1}$ 的 Na_2HPO_4 溶液，5 min 内均不得发生混浊现象。

对比实验操作如下。

① 取 1 mL 0.1 $mol \cdot L^{-1}$ 的 $CaCl_2$ 溶液，加 1 mL 0.1 $mol \cdot L^{-1}$ 的 $(NH_4)_2C_2O_4$ 溶液，滴加

氨试液至显微碱性,溶液有白色晶体析出。

② 取 1 mL 0.1 mol·L^{-1}的 $MgCl_2$溶液,加 1 mL 0.1 mol·L^{-1}的 Na_2HPO_4溶液,10 滴氨试液,溶液有白色晶体析出。反应式为

$$Mg^{2+}+HPO_4^{2-}+NH_3\cdot H_2O = MgNH_4PO_4\downarrow+H_2O$$

(白色)

(4) 铁盐检查。

取制品 5 g,置于 50 mL 奈氏比色管中,加 35 mL 蒸馏水溶解,加 5 mL 0.1 mol·L^{-1}的 HCl 溶液、几滴新配制的 0.1 mol·L^{-1}的$(NH_4)_2S_2O_8$溶液,再加 5 mL 0.1 mol·L^{-1}的 NH_4SCN溶液,加蒸馏水至 50 mL,摇匀。如显色,与 1.5 mL 铁标准溶液用同一方法处理后制得的标准管的颜色比较,不得更深(0.000 3%)。

(5) 硫酸盐检查。

取 50 mL 奈氏比色管两支。

甲管中加 1 mL 硫酸钾标准溶液(相当于加入 100 μg SO_4^{2-}),加蒸馏水稀释至约 25 mL 后,加 1 mL 0.1 mol·L^{-1}的 HCl 溶液,置 30~35 ℃的水浴中,保温 10 min,加 3 mL 25%的 $BaCl_2$溶液,再加蒸馏水至 50 mL,摇匀,放置 10 min。

取制品 5 g 置乙管中,加蒸馏水溶解至约 25 mL,溶液应透明,如不透明可过滤,于滤液中加 1 mL 0.1 mol·L^{-1}的 HCl 溶液,置 30~35 ℃的水浴中,保温 10 min,加 3 mL 25%的 $BaCl_2$溶液,再加蒸馏水稀释至 50 mL,摇匀,放置 10 min。

甲、乙两管放置 10 min 后,置比色架上,在光线明亮处双眼由上而下透视,比较两管的混浊度,乙管的混浊度不得高于甲管(0.002%)。

6) 重金属的检查

取 50 mL 奈氏比色管两支,于第一支比色管中加 1 mL 铅标准溶液(每毫升溶液中含 10 μg Pb),加2 mL稀 HAc,加蒸馏水稀释至 25 mL。于第二支比色管中加 5 g 制品,加 20 mL 水溶解后,加2 mL稀 HAc 与适量蒸馏水至 25 mL。两支比色管中再分别加入饱和 H_2S 溶液各 10 mL,摇匀,在暗处放置 10 min,同置白纸上,自上面透视,第二支比色管中显示的颜色与第一支比色管比较,不得更深(含重金属不得超过 0.000 2%)。

【注意事项】

ⅰ. 由于氯化钠的溶解度随温度的变化不大,故不能用重结晶的方法提纯得到符合药用规定的氯化钠。必须结合物理、化学等方法才能分离提纯得到符合要求的氯化钠。

ⅱ. 产品炒干时要用小火,以免食盐飞溅伤人。

ⅲ. 蒸发浓缩 NaCl 产品溶液至稠糊状即可,不可蒸干。

ⅳ. $NaB(C_6H_5)_4$溶于水后,解离为 Na^+和$[B(C_6H_5)_4]^-$,可与钾、银、铯、铜(Ⅰ)、铵、铷、铊(Ⅰ)等离子作用,定量生成沉淀($M[B(C_6H_5)_4]$)。虽然 $NaB(C_6H_5)_4$溶液是公认的测定钾的最好试剂,但是使用时应注意银、亚铜、铵等离子的干扰。

ⅴ. 铅标准溶液和$(NH_4)_2S_2O_8$溶液应新鲜配制。另外,配制和存用铅标准溶液的玻璃容器不得含有铅。

思 考 题

1. 为什么说用重结晶法不能提纯得到符合药用要求的氯化钠?为什么蒸发浓缩时最后的氯化钠溶液不能蒸

干？

2. 什么离子可以用比色实验进行检验？限量分析属于什么分析方法？

附注

① 氨试液。

取无水乙醇，加浓氨液使 100 mL 中含 9～11 gNH_3，即得。

② $NaB(C_6H_5)_4$溶液的制备。

取 1.5 g $NaB(C_6H_5)_4$，置乳钵（是研钵的一种，即臼，由硬质材料制成，通常呈碗状的小器皿，用杵在其中将物质捣碎或研磨）中，加 10 mL 水并研磨，再加 40 mL 水，研匀，用密质滤纸过滤，即得 $NaB(C_6H_5)_4$溶液。

③ 标准溶液。

它是已知准确浓度的溶液，是一种限度参照系统。其配制方法有两种：一种是直接法，即准确称量基准物质，溶解后定容至一定体积；另一种是标定法，即先配制成近似需要的浓度，再用基准物质或用标准溶液来进行标定。

精密称取 105 ℃干燥至恒重的硫酸钾（K_2SO_4）0.181 g（相当于 0.100 g SO_4^{2-} 和 0.081 g K^+），置于 1 000 mL容量瓶中，加蒸馏水适量使其溶解后再稀释至刻度，摇匀即得硫酸钾标准溶液（每 1 mL 相当于 100 μg SO_4^{2-} 和 81 μg K^+）。

④ 铁标准溶液的制备。

精确称取未风化的硫酸铁铵（$(NH_4)_2SO_4 \cdot Fe_2(SO_4)_3 \cdot 24H_2O$）0.863 0 g（相当于 0.100 0 g Fe^{3+}），用适量蒸馏水溶解后转入 1 000 mL 容量瓶中，加 2.5 mL 硫酸，再加蒸馏水稀释至刻度，摇匀。临用时再精确量取 10 mL，置于 100 mL 容量瓶中，加蒸馏水稀释至刻度、摇匀，即得（每 1 mL 相当于 10 μg Fe^{3+}）。

⑤ 铅标准溶液的制备。

精密称取 105 ℃干燥至恒重的硝酸铅（$Pb(NO_3)_2$）0.159 8 g（相当于 0.100 0 g Pb^{2+}），加 5 mL 硝酸与 50 mL蒸馏水，溶解后转入 1 000 mL 容量瓶中，加蒸馏水稀释至刻度，摇匀，即得铅储备溶液（每 1 mL 相当于 100 μg Pb^{2+}）。

精密量取 10 mL 铅储备溶液，置于 100 mL 容量瓶中，加蒸馏水稀释至刻度，摇匀，即得（每 1 mL 相当于 10 μg Pb^{2+}）。

⑥ 淀粉碘化钾试纸的变色情况。

I_2遇淀粉变蓝是由于淀粉的吸附、包合等缘故，使 I_2分子嵌入或被包合在淀粉分子内部，使碘吸收的可见光的波长向短的波长方向移动，从而使棕色的 I_2变成蓝色。

实验 3　常见金属阳离子与阴离子的分离鉴定

一、实验目的

（1）学习和掌握常见阳离子的分离与鉴定方法。

（2）学习和掌握常见阴离子的分离与鉴定方法。

二、实验原理

为了获得准确的分析结果，需要在熟悉常见离子的基本化学性质的基础上，结合相关特定要求来筛选某些离子的鉴定反应。要求反应速率快，而且现象比较明显，如溶液颜色的改变、沉淀的生成和溶解、生成气体的颜色、气味或与某些试剂的特征反应等。需要指出的是，鉴定反应必须要严格控制反应条件才能得到可靠结论，如溶液的酸碱性、离子的浓度、反应温度和催化剂、溶剂等。另外，由于去离子水或试剂中含有被检离子或由于试剂失效、反应条件控制不好等还可能出现过度检出或离子的洒落。所以,一般还要使用去离子水代替试液或用含有某种离子的纯盐溶液代替试液来做空白试验和对照试验。

待分析的体系是由多种离子构成的混合溶液,所以,实现混合离子的分离是获得正确鉴定结论的前提。目前,多采用分别分析法和系统分析法。前者是分别取出定量的试液,设法排除鉴定方法的干扰离子(例如加入掩蔽剂等)后,直接进行目标鉴定。后者是通过加入组试剂方法依次将待测液中性质相似的离子分成若干组,然后再将各组内离子进行分离和鉴定。

常见的阳离子有20余种,如Na^+、NH_4^+、Mg^{2+}、K^+、Ag^+、Hg_2^{2+}、Pb^{2+}、Co^{2+}、Ba^{2+}、Cu^{2+}、Zn^{2+}、Cd^{2+}、Ni^{2+}、Al^{3+}、Cr^{3+}、Sb(Ⅲ,Ⅴ)、Sn(Ⅱ,Ⅳ)、Fe^{2+}、Fe^{3+}、Bi^{3+}、Mn^{2+}、Hg^{2+}等。当前,根据所采用的组试剂不同,常用的两种分组方案如下:硫化氢系统分析法(表4-3-1)和两酸两碱系统分析法(表4-3-2)。

常见的阴离子有10余种,如F^-、Cl^-、Br^-、I^-、S^{2-}、SO_3^{2-}、SO_4^{2-}、$S_2O_3^{2-}$、NO_2^-、NO_3^-、PO_4^{3-}、CO_3^{2-}、SiO_3^{2-}、Ac^-等。有的阴离子具有氧化性,有的具有还原性,所以实际工作中很少有多种阴离子共存,即通常采用分别分析法。与常见阳离子的分离与鉴定类似,也可以根据阴离子某些共性选择某种试剂将共存阴离子分组。目前,一般利用钡盐和银盐的溶解度不同将阴离子分为三组,如表4-3-3所示。

表 4-3-1　硫化氢系统分析法

分离依据	硫化物不溶于水			硫化物溶于水	
	在稀酸中形成硫化物沉淀		在稀酸中不形成硫化物沉淀	碳酸盐不溶于水	碳酸盐溶于水
	氯化物不溶于热水	氯化物溶于热水			
包含的离子	Ag^+、Pb^{2+}、Hg_2^{2+}(Pb^{2+}浓度大时部分沉淀)	Pb^{2+}、Hg^{2+}、Bi^{3+}、Cu^{2+}、Cd^{2+}、Sb(Ⅲ,Ⅴ)、Sn(Ⅱ,Ⅳ)、As(Ⅲ,Ⅴ)	Fe^{2+}、Fe^{3+}、Al^{3+}、Co^{2+}、Mn^{2+}、Cr^{3+}、Ni^{2+}、Zn^{2+}	Ca^{2+}、Sr^{2+}、Ba^{2+}	Na^+、NH_4^+、Mg^{2+}、K^+
组名称	盐酸组	硫化氢组	硫化铵组	碳酸铵组	易溶组
组试剂	HCl	($0.3\ mol \cdot L^{-1}$ HCl)H_2S	($NH_3 \cdot H_2O$+NH_4Cl),$(NH_4)_2S$	($NH_3 \cdot H_2O$+NH_4Cl),$(NH_4)_2CO_3$	—

表 4-3-2　两酸两碱系统分组简表

分离目的	分别检出 Na^{+}、NH_4^{+}、Fe^{2+}、Fe^{3+}				
分离依据	氯化物难溶于水	氯化物易溶于水			
		硫酸盐难溶于水	硫酸盐易溶于水		
			氢氧化物难溶于水及氨水	在氨性条件下不产生沉淀	
				氢氧化物难溶于过量氢氧化钠溶液	在强碱条件下不产生沉淀
分离后的形态	AgCl、Hg_2Cl_2、$PbCl_2$	$PbSO_4$、$BaSO_4$、$SrSO_4$、$CaSO_4$	$Fe(OH)_3$、$Al(OH)_3$、$MnO(OH)_2$、$Cr(OH)_3$、$Bi(OH)_3$、$Sb(OH)_5$、$HgNH_2Cl$、$Sb(OH)_4$	$Cu(OH)_2$、$Co(OH)_2$、$Ni(OH)_2$、$Mg(OH)_2$、$Cd(OH)_2$	$[Zn(OH)_4]^{2-}$、Na^{+}、NH_4^{+}、K^{+}
组名称	盐酸组	硫酸组	氨组	碱组	可溶组
组试剂	HCl	(乙醇) H_2SO_4	$(H_2O_2)NH_3$ NH_4Cl	NaOH	—

表 4-3-3　阴离子分组表

组　别	组　试　剂	组 内 离 子	特　　性
钡盐组	$BaCl_2$(中性或弱碱性溶液)	SO_3^{2-}、SO_4^{2-}、$S_2O_3^{2-}$、PO_4^{3-}、CO_3^{2-}、SiO_3^{2-}、F^{-}	钡盐难溶于水,除 $BaSO_4$ 外,其他钡盐溶于酸
银盐组	$AgNO_3$(稀、冷硝酸溶液)	Cl^{-}、Br^{-}、I^{-}、S^{2-}	银盐难溶于水和稀硝酸,Ag_2S 溶于热硝酸
易溶组		NO_2^{-}、NO_3^{-}、Ac^{-}	钡盐、银盐都易溶于水

三、实验用品

仪器:离心机,离心试管,点滴板,试管。

试剂:H_2SO_4(2 mol · L^{-1}),HNO_3(2 mol · L^{-1}),HAc(6 mol · L^{-1}),NaOH(6 mol · L^{-1}),$NH_3 \cdot H_2O$(2 mol · L^{-1}),$FeCl_3$(0.1 mol · L^{-1}),$CoCl_2$(0.1 mol · L^{-1}),$NiCl_2$(0.1 mol · L^{-1}),$MnCl_2$(0.1 mol · L^{-1}),$Al_2(SO_4)_3$(0.1 mol · L^{-1}),$CrCl_3$(0.1 mol · L^{-1}),$ZnCl_2$(0.1 mol · L^{-1}),

$K_4[Fe(CN)_6]$(0.1 mol·L^{-1}),KSCN(1 mol·L^{-1}),NH_4Ac(3 mol·L^{-1}),NH_4SCN(饱和溶液),$Pb(NO_3)_2$(0.1 mol·L^{-1}),Na_2S(0.1 mol·L^{-1},2 mol·L^{-1}),$NaBiO_3$ 固体,NH_4F 固体,NH_4Cl 固体,H_2O_2(质量分数为3%),丙酮,丁二酮肟,$Na_2S_2O_3$(0.1 mol·L^{-1}),Na_2SO_3(0.1 mol·L^{-1}),$Na_2[Fe(CN)_5(NO)]$(饱和溶液),$PbCO_3$(s),$ZnSO_4$(0.1 mol·L^{-1}),$AgNO_3$(0.1 mol·L^{-1}),0.1%茜素红S。

四、实验步骤

1. Fe^{3+}、Co^{2+}、Ni^{2+}、Mn^{2+}、Al^{3+}、Cr^{3+}、Zn^{2+}混合离子的分离与鉴定

取分别含有Fe^{3+}、Co^{2+}、Ni^{2+}、Mn^{2+}、Al^{3+}、Cr^{3+}、Zn^{2+}的试液各5滴置于小烧杯中,混合均匀。对本组离子的分离鉴定方案进行分析,再进行实验,记录各步的实验现象并写出反应方程式。

(1) Fe^{3+}、Co^{2+}、Ni^{2+}、Mn^{2+}与Al^{3+}、Cr^{3+}、Zn^{2+}的分离:往试液中加入6 mol·L^{-1} NaOH至溶液呈强碱性后,再多加5滴NaOH。然后逐滴加入质量分数为3%的H_2O_2,同时搅拌,并加热使过量的H_2O_2分解。离心分离,把清液移到另一离心试管中,按步骤(7)处理。沉淀用热水洗一次,离心分离,弃去洗涤液。

(2) 沉淀的溶解:向上述沉淀中加10滴2 mol·L^{-1} H_2SO_4和2滴H_2O_2,搅拌,水浴加热至沉淀全部溶解,H_2O_2完全分解,并冷却至室温。

(3) Fe^{3+}的检出:取一滴步骤(2)试液加到点滴板中,加一滴$K_4[Fe(CN)_6]$,若产生蓝色沉淀,表明有Fe^{3+}。取一滴步骤(2)试液加到点滴板中,加一滴KSCN,若溶液变成血红色,表明有Fe^{3+}。

(4) Mn^{2+}的检出:取一滴步骤(2)试液,加三滴蒸馏水和一滴2 mol·L^{-1} HNO_3及一小勺$NaBiO_3$固体,搅拌,若溶液变成紫红色,表明有Mn^{2+}。

(5) Co^{2+}的检出:取两滴步骤(2)试液和少量NH_4F固体,加入等体积的丙酮,再加入饱和NH_4SCN溶液,若溶液呈宝蓝色,表明有Co^{2+}。

(6) Ni^{2+}的检出:在离心管中滴加几滴步骤(2)试液,并加入2 mol·L^{-1} $NH_3·H_2O$至呈碱性。若有沉淀生成,还需离心分离,向上层清液中加两滴丁二酮肟,若产生红色沉淀,表明有Ni^{2+}。

(7) Al^{3+}、Cr^{3+}、Zn^{2+}的分离:往步骤(1)所得的清液内加入NH_4Cl固体,加热,产生白色絮状沉淀,即$Al(OH)_3$。离心分离,把清液移入另一试管中,按步骤(8)和(9)处理。沉淀用2 mol·L^{-1}氨水清洗一次,离心分离,洗涤液并入清液,加4滴6 mol·L^{-1} HAc,加热使沉淀溶解,再加2滴蒸馏水,2滴3 mol·L^{-1} NH_4Ac和2滴0.1%茜素红S,搅拌后微热,产生红色沉淀,表明有Al^{3+}。

(8) Cr^{3+}的检出:若步骤(7)所得清液呈淡黄色,则有CrO_4^{2-},用6 mol·L^{-1} HAc酸化后,加2滴0.1 mol·L^{-1} $Pb(NO_3)_2$溶液,若产生黄色沉淀,表明有Cr^{3+}。

(9) Zn^{2+}的检出:取几滴步骤(7)所得清液,加入2 mol·L^{-1} Na_2S,若产生白色沉淀,表明有Zn^{2+}。

2. $S_2O_3^{2-}$、S^{2-}、SO_3^{2-}混合离子的分离与鉴定

取0.1 mol·L^{-1} $Na_2S_2O_3$、0.1 mol·L^{-1} Na_2S、0.1 mol·L^{-1} Na_2SO_3试液各5滴,混合均匀。对本组离子的分离鉴定方案进行分析,再进行实验,记录各步的实验现象并写出反应方

程式。

(1) 取一滴混合液，在碱性体系中滴加 $Na_2[Fe(CN)_5(NO)]$，若溶液呈紫红色，表明有 S^{2-}。

(2) 取混合液 0.5 mL 于离心管中，加固体 $PbCO_3$（过量）沉淀完全，离心分离，取上层清液完成下述实验。

(3) 在试管中依次加入 $ZnSO_4$、$K_4[Fe(CN)_6]$ 和 $Na_2[Fe(CN)_5(NO)]$，然后加适量步骤(2)上层清液，若有红色沉淀产生，表明有 SO_3^{2-}。

(4) 取适量步骤(2)试液，加入 $AgNO_3$（过量），若产生白色沉淀，而且该沉淀又迅速依次变色（白色→黄色→棕色→黑色），表明有 $S_2O_3^{2-}$。

思　考　题

1. 分离 Fe^{3+}、Ni^{2+} 与 Al^{3+}、Cr^{3+} 时，为什么要加入适量的 NaOH 溶液，同时还要加 H_2O_2？反应完成后，为什么要使过量的 H_2O_2 完全分解？
2. 选用一种试剂区别以下 4 种离子：Cu^{2+}、Zn^{2+}、Hg^{2+}、Cd^{2+}。
3. 在鉴定 $S_2O_3^{2-}$ 时，如果 $Na_2S_2O_3$ 比 $AgNO_3$ 量多，会出现什么情况，为什么？

实验 4　三草酸合铁(Ⅲ)酸钾的制备及成分分析

一、实验目的

(1) 掌握合成 $K_3[Fe(C_2O_4)_3]\cdot 3H_2O$ 的基本原理和操作技术。

(2) 掌握用 $KMnO_4$ 法测定 $C_2O_4^{2-}$ 和 Fe^{3+} 的原理和方法。

(3) 练习无机合成、滴定分析基本操作，掌握确定配合物组成的原理和方法。

二、实验原理

1. 制备

三水合三草酸合铁(Ⅲ)酸钾 $K_3[Fe(C_2O_4)_3]\cdot 3H_2O$ 为翠绿色的单斜晶体，易溶于水（溶解度：0 ℃，每 100 g 水中溶 4.7 g；100 ℃，每 100 g 水中溶 117.7 g），难溶于乙醇。110 ℃下可失去全部结晶水，230 ℃时分解。此配合物对光敏感，受光照射分解变为黄色：

$$2K_3[Fe(C_2O_4)_3] \xlongequal{光} 3K_2C_2O_4 + 2FeC_2O_4 + 2CO_2\uparrow$$

因其具有光敏性，所以常用来作为化学光量计。另外，它是制备某些负载型活性铁催化剂的主要原料，也是一些有机反应良好的催化剂，在工业上具有一定的应用价值。

本实验以硫酸亚铁铵为原料，与草酸在酸性溶液中先制得草酸亚铁沉淀：

$$(NH_4)_2Fe(SO_4)_2\cdot 6H_2O + H_2C_2O_4(饱和)$$
$$\xlongequal{\quad} FeC_2O_4\cdot 2H_2O\downarrow + (NH_4)_2SO_4 + H_2SO_4 + 4H_2O$$

然后在草酸钾和草酸的存在下，以过氧化氢为氧化剂，将草酸亚铁氧化为三草酸合铁(Ⅲ)酸钾，同时有氢氧化铁生成，反应方程式为

$$6FeC_2O_4\cdot 2H_2O + 3H_2O_2 + 6K_2C_2O_4 \xlongequal{\quad} 4K_3[Fe(C_2O_4)_3] + 2Fe(OH)_3 + 12H_2O$$

加入适量草酸可使 $Fe(OH)_3$ 转化为三草酸合铁(Ⅲ)酸钾，反应方程式为

$$2Fe(OH)_3+3H_2C_2O_4+3K_2C_2O_4 = 2K_3[Fe(C_2O_4)_3]+6H_2O$$

加入乙醇放置，便可析出绿色的晶体。

2. 产物的定性分析

产物组成的定性分析采用化学分析法。

K^+ 与 $Na_3[Co(NO_2)_6]$[①] 在中性或稀醋酸介质中，生成亮黄色的 $K_2Na[Co(NO_2)_6]$ 沉淀：

$$2K^+ + Na^+ + [Co(NO_2)_6]^{3-} = K_2Na[Co(NO_2)_6]\downarrow$$

(亮黄色)

Fe^{3+} 能与 KSCN 反应生成血红色 $[Fe(SCN)_n]^{3-n}$。

$C_2O_4^{2-}$ 能与 Ca^{2+} 反应生成白色 CaC_2O_4 沉淀。

根据上述离子反应可以判断它们处于配合物的内界还是外界。

3. 产物的定量分析

产物中 $C_2O_4^{2-}$ 和 Fe^{3+} 的定量分析采用 $KMnO_4$ 滴定法。

用 $KMnO_4$ 标准溶液滴定 $C_2O_4^{2-}$，可测得试样中 $C_2O_4^{2-}$ 的量：

$$5C_2O_4^{2-}+2MnO_4^-+16H^+ = 10CO_2\uparrow+2Mn^{2+}+8H_2O$$

在测定铁含量时，首先用 Zn 粉还原 Fe^{3+} 成 Fe^{2+}，然后用 $KMnO_4$ 标准溶液滴定 Fe^{2+}，测得试样中 Fe^{2+} 的量：

$$2Fe^{3+}+Zn = 2Fe^{2+}+Zn^{2+}$$

$$5Fe^{2+}+MnO_4^-+8H^+ = 5Fe^{3+}+Mn^{2+}+4H_2O$$

结晶水的测定采用烘干法。

根据测得的各组分的质量，换算成物质的量，再求出钾的物质的量，确定配合物的化学式。

三、实验用品

仪器：台秤，分析天平，烧杯(100 mL，250 mL)，量筒(10 mL，50 mL)，酒精灯，三脚架，石棉网，恒温水浴槽，减压过滤装置，干燥器，电热干燥箱，酸式滴定管，锥形瓶(4 个)，漏斗，称量瓶(2 个)。

药品：$(NH_4)_2Fe(SO_4)_2\cdot 6H_2O$，$H_2SO_4$(3 $mol\cdot L^{-1}$)，$H_2C_2O_4$(饱和)，$K_2C_2O_4$(饱和)，H_2O_2(3%)，乙醇(95%)，$Na_3[Co(NO_2)_6]$，KSCN(0.1 $mol\cdot L^{-1}$)，$FeCl_3$(0.1 $mol\cdot L^{-1}$)，$CaCl_2$(0.5 $mol\cdot L^{-1}$)。

其他：滤纸。

四、实验步骤

1. 三草酸合铁(Ⅲ)酸钾的制备

1) 草酸亚铁的制备

称取 6 g 硫酸亚铁铵固体放入 250 mL 烧杯中，然后加 20 mL 蒸馏水和 10 滴 3 $mol\cdot L^{-1}$ 的 H_2SO_4 溶液，加热溶解后，再加入 22 mL 饱和 $H_2C_2O_4$ 溶液，加热搅拌至沸，保持微沸5 min，防止飞溅。停止加热，静置。待黄色晶体 $FeC_2O_4\cdot 2H_2O$ 沉淀后，倾析法弃去上层清液。洗涤沉淀三次，每次用 10 mL 蒸馏水，搅拌并温热，静置，弃去上层清液，即得黄色沉淀草酸亚铁。

2) 三草酸合铁(Ⅲ)酸钾的制备

往草酸亚铁沉淀中，加入 15 mL 饱和 $K_2C_2O_4$ 溶液，水浴加热至 40 ℃，恒温下慢慢滴加

10 mL 3%的 H_2O_2 溶液，边加边搅拌，沉淀转为深棕色，加完后将溶液加热至沸，除去过量的 H_2O_2 溶液，趁热加入 10 mL 饱和 $H_2C_2O_4$ 溶液，沉淀完全溶解，溶液转为绿色。冷却后加入 25 mL 95%的乙醇，在暗处放置，烧杯底部有晶体析出。为了加速结晶，可往其中滴加几滴 KNO_3 溶液。晶体完全析出后，减压过滤。用滤纸吸干，称重，计算产率，并将晶体放在干燥器内避光保存。

2. 产物的定性鉴定

1) K^+ 的鉴定

取一支试管，加入少量产品，用蒸馏水溶解，再加入 3～5 滴 $Na_3[Co(NO_2)_6]$ 溶液，放置片刻，观察现象并解释。

2) Fe^{3+} 的鉴定

取两支试管，一支加入少量产品并用蒸馏水溶解，另一支加入少量 $FeCl_3$ 溶液，两支试管中各加入 2 滴 0.1 mol·L^{-1} 的 KSCN 溶液，观察实验现象。在装有产品溶液的试管中加入 2 滴 3 mol·L^{-1} 的 H_2SO_4 溶液，再观察溶液颜色有何变化，解释原因。

3) $C_2O_4^{2-}$ 的鉴定

取两支试管，一支加入少量产品并用蒸馏水溶解，另一支加入少量 $K_2C_2O_4$ 溶液，两支试管中各加入 2 滴 0.5 mol·L^{-1} 的 $CaCl_2$ 溶液，观察实验现象。在装有产品溶液的试管中加入 2 滴 3 mol·L^{-1} 的 H_2SO_4 溶液并加热，再观察溶液颜色有何变化，解释原因。

3. 草酸根的测定

精确称取 0.2～0.3 g 产品两份，分别放入两个 250 mL 锥形瓶中，加入 10 mL 3 mol·L^{-1} 的 H_2SO_4 溶液和 20 mL 蒸馏水，加热至 75～85 ℃(锥形瓶内口有水蒸气凝结)，趁热用已标定准确浓度的 $KMnO_4$ 标准溶液滴定至微红色，在 30 s 内不褪色即为滴定终点，记下消耗 $KMnO_4$ 标准溶液的体积，计算 $K_3[Fe(C_2O_4)_3]\cdot 3H_2O$ 中草酸根的质量，换算成草酸根的物质的量。滴定后的溶液保留，供铁的测定使用。

4. 铁的测定

在上述滴定过草酸根后保留的溶液中加一小匙锌粉(注意量不能太多)，至黄色消失，继续加热 3 min，使 Fe^{3+} 完全被还原为 Fe^{2+}。趁热过滤除去多余的锌粉，滤液转入另一 250 mL 锥形瓶中，洗涤漏斗，将洗涤液一并转入上述锥形瓶中，继续用上述 $KMnO_4$ 标准溶液滴定至微红色且 30 s 内不褪色即为终点，根据消耗 $KMnO_4$ 溶液的体积计算 $K_3[Fe(C_2O_4)_3]\cdot 3H_2O$ 中铁的质量及物质的量。

根据实验结果，计算钾的物质的量，推断出配合物的化学式。

思 考 题

1. 滴加 H_2O_2 氧化 Fe^{2+} 时，为什么温度不能超过 40 ℃？
2. 制备配合物时加入 H_2O_2 后为什么要煮沸溶液？煮沸时间过长有何影响？
3. 加入乙醇的作用是什么？不加入乙醇可否用浓缩蒸干的方法来制得晶体？

附注

$Na_3[Co(NO_2)_6]$ 的配制：溶解 23 g $NaNO_2$ 于 50 mL 水中，加 16.5 mL 6 mol·L^{-1} 的 HAc 溶液以及 3 g $Co(NO_3)_2\cdot 6H_2O$，静置过夜，过滤溶液，盛装于棕色瓶中。

实验5　十二磷钨酸的制备

一、实验目的

(1) 掌握十二磷钨酸的制备方法,练习萃取分离操作。

(2) 加深对杂多酸的了解。

二、实验原理

杂多酸作为一种新型催化剂,近年来已广泛应用于石油化工、冶金、医药等许多领域。在碱性溶液中 W(Ⅵ)以钨酸根(WO_4^{2-})的形式存在,随着溶液 pH 值的减小,逐渐聚合为多酸根,在聚合过程中,加入一定量的磷酸盐,则可生成有确定组成的磷钨杂多酸根,如$[PW_{12}O_{40}]^{3-}$。

$$12WO_4^{2-}+HPO_4^{2-}+23H^+ = [PW_{12}O_{40}]^{3-}+12H_2O$$

这类磷钨杂多酸在水溶液中结晶时,得到高水合状态的杂多酸结晶水化物 $H_3[PW_{12}O_{40}]\cdot nH_2O$。该物质易溶于水及有机溶剂(乙醚、丙酮等),遇碱分解,在酸性水溶液中较稳定。本实验利用磷钨杂多酸在强碱溶液中易溶于乙醚而生成加合物,并可被乙醚萃取的性质来制备十二磷钨酸。

三、实验用品

仪器:烧杯,分液漏斗,蒸发皿,水浴锅,台秤,玻璃棒,电炉。

药品:钨酸钠,磷酸氢二钠,盐酸(浓,6 mol·L^{-1}),乙醚,H_2O_2(质量分数为 10%)。

四、实验步骤

1. 十二磷钨酸钠溶液的制备

称取 12.5 g 钨酸钠和 2 g 磷酸氢二钠溶于 75 mL 热水中,溶液稍混浊。边加热边搅拌,向溶液中以细流加入 12.5 mL 浓盐酸,溶液澄清,继续加热半分钟。若溶液呈蓝色,是由于钨(Ⅵ)被还原的结果,需向溶液中滴加 10%过氧化氢或溴水至蓝色褪去。冷却至室温。

2. 酸化、乙醚萃取制取十二磷钨酸

将烧杯中的溶液和析出的少量固体一并转移到分液漏斗中。向分液漏斗中加入 18 mL 乙醚(乙醚沸点低,挥发性强,燃点低,易燃,易爆。因此,在使用时一定要多加小心),再加入 5 mL 6 mol·L^{-1}盐酸,振荡(注意,防止气流将液体带出)。静置后液体分三层:上层是醚,中间是氯化钠、盐酸和其他物质的水溶液,下层是油状的十二磷钨酸醚合物。分离出下层溶液,倒入蒸发皿中。在水浴中蒸发乙醚(小心! 乙醚易燃),直至液体表面出现晶膜。若在蒸发过程中,液体变蓝,则需滴加少许 10%过氧化氢至蓝色褪去。将蒸发皿放在通风处(注意,防止落入灰尘),使乙醚在空气中渐渐挥发,即可得到白色或浅黄色十二磷钨酸固体。称量并计算产率。

思　考　题

1. 十二磷钨酸具有较强氧化性,与橡胶、纸张、塑料等有机物质接触,甚至与空气中灰尘接触时,均易被还原为“杂多蓝”。因此，在制备过程中，需注意哪些问题？

2. 通过实验总结“乙醚萃取法”制取杂多酸的方法。

3. 使用乙醚时，需注意哪些事项？

实验 6　硝石中硝酸钾含量的测定

本实验要求同学们在实验前查阅相关资料，了解药材的质量标准包括哪些内容，钾离子的测定方法还有哪些，为后续专业课程的学习以及从事科研起到抛砖引玉的作用。

一、实验目的

(1) 熟悉四苯硼钠法测定硝酸钾含量的方法。

(2) 掌握化学实验的一些基本操作。

二、实验原理

在中性介质中，钾离子与四苯硼钠进行反应，生成四苯硼钾沉淀。如有 NH_4^+ 存在，可加入甲醛溶液消除干扰。根据生成的四苯硼钾的质量，确定硝酸钾的含量。

$$KNO_3 + NaB(C_6H_5)_4 \xlongequal{} KB(C_6H_5)_4 \downarrow + NaNO_3$$

三、实验用品

仪器：烧杯(150 mL，2 个)、玻璃棒、胶头滴管、量筒、抽滤瓶(250 mL)、布氏漏斗、玻璃漏斗、真空泵、恒温水浴锅、红外干燥箱、移液管(25 mL)、分析天平，容量瓶(500 mL)。

试剂：四苯硼钠固体，硝石固体，乙酸溶液(体积比为 1∶10)，蒸馏水。

其他：滤纸，称量纸。

四、实验步骤

1. 试验溶液的制备(由实验室准备)

硝石溶液：称取 1～1.2 g 试样(若颗粒较粗，需研磨)，精确至 0.0002 g，置于 100 mL 烧杯中，加水溶解，溶液转移至 500 mL 容量瓶中(指定人配液)，稀释至刻度，摇匀。用玻璃漏斗过滤，弃去部分前滤液。

四苯硼钠水溶液：34 g/L。称取 3.4 g 四苯硼钠，溶于 100 mL 蒸馏水中，用时现配(指定人配液)，用前过滤。

2. 测定

用移液管移取 25.00 mL 硝石溶液，置于 150 mL 烧杯中，加 20 mL 水、1 滴乙酸溶液(1∶10)。用恒温水浴加热至 45 ℃，在搅拌下滴加 8 mL 四苯硼钠水溶液(滴加时间约为 5 min)，继续搅拌 1 min。放置 30 min 后取出，用布氏漏斗抽滤，将沉淀转移完全，用少量水洗涤沉淀 2～3 次，每次应抽干。然后将沉淀完全转移至称量纸上(包括滤纸一起)，于红外干燥箱中烘至恒重，称重并计算。

3. 结果计算与讨论

$$\text{硝酸钾}(KNO_3)\text{含量} = \frac{m_1 \times 0.2822}{m \times \frac{25.00}{500.0}} \times 100\%$$

式中:m_1——四苯硼钾沉淀的质量;

m——试样的质量;

0.2822——四苯硼钾换算为硝酸钾的系数。

思 考 题

1. 硝酸钾含量测定公式中 0.2822 是怎么得到的?
2. 钾离子的测定方法还有哪些?

实验 7 氯化铅溶度积常数的测定

一、实验目的

(1) 了解用离子交换法测定难溶电解质溶度积的原理和方法。

(2) 学习离子交换树脂的一般使用方法。

(3) 进一步训练酸碱滴定的基本操作。

二、实验原理

离子交换树脂是高分子化合物。这类化合物具有可供离子交换的活性基团,具有酸性交换基团(如磺基—SO_3H、羧基—COOH)、能和阳离子进行交换的称为阳离子交换树脂。具有碱性交换基团(如—NH_3Cl)、能和阴离子进行交换的称为阴离子交换树脂。本实验中采用的是 001×7 强酸型阳离子交换树脂,这种树脂出厂时一般是 Na^+ 型,即活性基团为—SO_3Na,若用 H^+ 交换 Na^+,即得 H^+ 型阳离子交换树脂。

一定量的饱和 $PbCl_2$ 溶液与 H^+ 型阳离子交换树脂充分接触后,下列交换反应能进行得很完全。

$$2R—SO_3H+PbCl_2 \xlongequal{} (R—SO_3)_2Pb+2HCl$$

交换出的 HCl,可用已知浓度的 NaOH 溶液来滴定。根据化学计量数即可算出二氯化铅饱和溶液的浓度,从而可求得 $PbCl_2$ 的溶解度和溶度积。其计算公式如下:

$$c_{NaOH} \cdot V_{NaOH}=c_{HCl} \cdot V_{HCl}=2c_{PbCl_2} \cdot V_{PbCl_2}$$

$$c_{PbCl_2}=\frac{c_{NaOH} \cdot V_{NaOH}}{2V_{PbCl_2}}$$

$$[Pb^{2+}]=c_{PbCl_2}, \quad [Cl^-]=2c_{PbCl_2}$$

$$K^{\ominus}_{sp}(PbCl_2)=[Pb^{2+}] \cdot [Cl^-]^2=c_{PbCl_2} \cdot (2c_{PbCl_2})^2=4(c_{PbCl_2})^3$$

已有 Pb^{2+} 交换上去的树脂可用不含 Cl^- 的 0.1 mol·L^{-1} HNO_3 溶液进行淋洗,使树脂重新转化为酸型,称为树脂的再生(可由实验准备室统一处理)。

三、实验用品

仪器:碱式滴定管,移液管(25 mL),烧杯(100 mL),锥形瓶,滴定台,滴定台架,棉花,螺旋夹,洗耳球,长玻璃棒。

试剂:0.05 mol·L^{-1} NaOH,$PbCl_2$ 饱和溶液。

其他：广范 pH 试纸，酚酞指示剂，001×7 强酸型阳离子交换树脂。

四、实验步骤

1. 装柱

在离子交换柱内装入少量水，将下部空气排净，底部填入少量棉花。用小烧杯往柱中装入带水的阳离子交换树脂(已事先处理好的 H^+ 型阳离子交换树脂)，至净柱高(不算水的高度)约 15 cm。如装入水太多，可松开螺旋夹，让水慢慢流出，直到液面略高于树脂后夹紧螺旋夹。在以上操作中，一定要使树脂始终沉浸在溶液中，勿使溶液流干，否则气泡进入树脂柱中将影响离子交换的进行。若出现少量气泡，可加入少量蒸馏水，使液面高出树脂，并用玻璃棒搅动树脂，以便赶走气泡；若气泡量多，必须重新装柱。

2. 交换与洗涤

先用蒸馏水洗涤交换柱，使流出的溶液显中性，夹好螺旋夹。用移液管精确吸取 25.00 mL $PbCl_2$ 饱和溶液，放入离子交换柱中。控制交换柱流出液的速度，每分钟 25～30 滴，不宜太快。用洁净的锥形瓶承接流出液。待 $PbCl_2$ 饱和溶液接近树脂层上表面时，用 40 mL 蒸馏水分批洗涤交换树脂，直至流出液呈中性(流出液仍接在同一锥形瓶中)。在整个交换过程中，勿使流出液损失。

3. 滴定

在全部流出液中，加入 1～2 滴酚酞指示剂，用标准 NaOH 溶液滴定至终点，即出现粉红色且 30 s 内不褪色。

数据记录与结果处理：

室温/℃	
$PbCl_2$ 饱和溶液的用量 V/mL	
NaOH 标准溶液的浓度 $c/(mol \cdot L^{-1})$	
滴定前滴定管的读数 V_1/mL	
滴定后滴定管的读数 V_2/mL	
NaOH 标准溶液的用量 (V_2-V_1)/mL	
$PbCl_2$ 的溶解度 $S/(mol \cdot L^{-1})$	
$PbCl_2$ 的 $K_{sp}^{\ominus}(PbCl_2)$ 测定值	
$PbCl_2$ 的 $K_{sp}^{\ominus}(PbCl_2)$ 参考值	

分析误差产生的原因。

【注意事项】

ⅰ. 整个树脂柱中不能有气泡，否则会影响离子交换过程。

ⅱ. 一旦加入 $PbCl_2$ 饱和溶液，流出液就要换一洁净锥形瓶承接，且洗涤液也承接在此锥形瓶中，不得损失。

ⅲ. 滴定操作只能有一次，故滴定时务必谨慎小心。

思　考　题

1. 离子交换过程中，为什么液体的流速不宜太快？

2. 为什么在交换洗涤过程中要保持液面高于离子交换柱?

实验8　创意化学魔术设计与展示

一、实验目的

(1) 通过化学魔术的设计培养学生的创新能力,深入了解与应用无机化学原理。

(2) 通过化学魔术的展示,培养学生的自信心,增强表达能力和团队协作能力。

二、实验原理

(1) 杯中红霞:在碱性溶液中滴加酚酞试剂,溶液变红。

(2) 海水凝固:硫酸铜中的铜离子遇碱溶液中的氢氧根发生离子反应,生成蓝色絮状沉淀。

(3) 空杯生烟:浓盐酸与浓氨水反应生成氯化铵固体,该固体小颗粒分散到空气中形成白烟。

三、实验用品

(1) 杯中红霞:烧杯、玻璃棒、酚酞、蒸馏水、醋酸溶液、氢氧化钠固体。

(2) 海水凝固:烧杯、玻璃棒、蒸馏水、硫酸铜固体、氢氧化钠固体。

(3) 空杯生烟:烧杯、玻璃片、胶头滴管、浓氨水、浓盐酸。

四、实验步骤

1. 杯中红霞

(1) 前期准备:取适量氢氧化钠固体放入装有蒸馏水的烧杯中,搅拌并调节溶液 pH 值为 8.0～10.0,该烧杯标为1号。取一定量的酚酞溶于蒸馏水配制酚酞溶液,该烧杯标为2号。取一定量的醋酸溶液于烧杯中,该烧杯标为3号。

(2) 展示:往空烧杯里面注入1号溶液,再注入2号溶液,烧杯中的无色溶液变为粉红色,再往烧杯中注入3号溶液,烧杯中溶液的颜色逐渐变淡,数分钟后,变成一杯清水。

2. 海水凝固

(1) 前期准备:取适量氢氧化钠固体放入装有蒸馏水的1号烧杯中,搅拌均匀。将少许硫酸铜固体溶入装有蒸馏水的2号烧杯中,充分搅拌。

(2) 展示:将1号烧杯的溶液倒入2号烧杯中,搅拌溶液,数分钟后会有蓝色絮状物生成,仿佛蓝色的海水凝固。

3. 空杯生烟

(1) 前期准备:用胶头滴管取少许浓氨水于一个干净的烧杯,标为1号烧杯,用玻璃片盖住烧杯口。再用干净的胶头滴管取少许浓盐酸于另一个干净的烧杯,转动杯子,使浓盐酸均匀分布在烧杯内壁,并标为2号烧杯。

(2) 展示:将1号烧杯倒扣在2号烧杯上,抽掉玻璃片之后,二者在空气中接触,立即有白烟生成。

五、实验现象与解释

(1) 杯中红霞：溶液变为粉红色是因为酚酞溶液遇碱变为粉红色，溶液变为无色是因为醋酸溶液和氢氧化钠溶液反应为中和反应。

(2) 海水凝固：有蓝色絮状物生成的原因是硫酸铜中的铜离子遇碱溶液中的氢氧根发生离子反应，生成蓝色絮状沉淀。

(3) 空杯生烟：浓氨水挥发出氨气，浓盐酸挥发出氯化氢，两者在空气中接触，立即反应生成氯化铵固体，固体小颗粒分散到空气中形成白烟。

【注意事项】

ⅰ. 在"杯中红霞"的魔术中，配制碱溶液时，调节 pH 值为 8.0～10.0。

ⅱ. 在"空杯生烟"的魔术中，取浓盐酸和浓氨水时需做好相关防护措施。

思　考　题

1. 2～5 人合作设计一个化学魔术并展示。
2. 酚酞溶液遇碱变红，遇酸不变色的反应原理是什么？
3. 为什么浓氨水与浓盐酸接触生成白烟，与浓硫酸接触没有这种现象？

实验 9　趣 味 实 验

一、实验目的

(1) 掌握 Fe^{3+}、Cu^{2+}、Co^{2+} 的显色反应。

(2) 了解铁、铜、钴配合物的生成及特征颜色。

(3) 掌握酸、碱、盐的性质及解离平衡、难溶物质的溶解平衡。

二、实验原理

(1) 铁、铜、钴能形成多种配合物且都比较稳定。常见的有氰配合物、硫氰配合物。

铁、铜、钴的某些配合物具有特征的颜色，可以用来鉴定 Fe^{3+}、Cu^{2+}、Co^{2+}。如 Fe^{3+} 可与 SCN^- 生成血红色的配合物：

$$Fe^{3+} + 3SCN^- \longrightarrow \underset{\text{(血红色)}}{Fe(SCN)_3}$$

此外，Fe^{3+} 还可与亚铁氰化钾生成绛蓝色的 $Fe_4[Fe(CN)_6]_3$：

$$4Fe^{3+} + 3Fe(CN)_6^{4-} \longrightarrow \underset{\text{(绛蓝色)}}{Fe_4[Fe(CN)_6]_3}$$

Cu^{2+} 可与黄血盐溶液生成红褐色的 $Cu_2Fe(CN)_6$：

$$2Cu^{2+} + [Fe(CN)_6]^{4-} \longrightarrow \underset{\text{(红褐色)}}{Cu_2Fe(CN)_6}$$

Co^{2+} 与黄血盐溶液生成黄色配合物：

$$2Co^{2+} + [Fe(CN)_6]^{4-} \longrightarrow \underset{\text{(黄色)}}{Co_2Fe(CN)_6}$$

(2) 氨水，易挥发，具有部分碱的通性，且 AgCl 沉淀可以溶于氨水。

(3) 液体存在表面张力。色素的密度比牛奶略小,因此一开始会浮于牛奶表面。而洗洁精实际上是表面活性剂,可以降低表面张力,当中心的牛奶接触到洗洁精时,表面张力会降低为原先的 1/3 左右,而周围的表面张力不变,瞬间,表面层的牛奶会被周围的张力拉开,而洗洁精在中间,往外扩散,就达到了彩虹的效果。(色素不易溶于牛奶,牛奶和色素之间有明显色差,可使实验效果更加明显)

三、实验用品

仪器:吸管、烧杯、试管、胶头滴管、表面皿、台秤。

试剂:硫氰化钾固体、氯化铁溶液、亚铁氰化钾固体、硫酸铜固体、硝酸钴固体、1 mol·L^{-1} 氨水、0.1 mol·L^{-1} $AgNO_3$ 溶液、0.1 mol·L^{-1} KI 溶液、0.1 mol·L^{-1} Na_2S 溶液、0.1 mol·L^{-1} NaCl 溶液、去离子水、红蓝染料。

其他:毛笔、滤纸、牛奶、洗洁精。

四、实验步骤

1. 隐形墨水

(1) 铁的配合物。

配制 0.1 mol·L^{-1} 硫氰化钾溶液 30 mL,用毛笔蘸取 0.1 mol·L^{-1} 硫氰化钾溶液在滤纸上写字,完成后将纸晾干,喷射稀氯化铁溶液,观察现象,写出离子方程式。

配制 0.1 mol·L^{-1} 亚铁氰化钾(黄血盐)溶液 30 mL,用毛笔蘸取 0.1 mol·L^{-1} 亚铁氰化钾溶液在滤纸上写字,完成后将纸晾干,喷射氯化铁溶液后,观察现象,写出离子方程式。

(2) 铜的配合物。

配制 0.1 mol·L^{-1} 硫酸铜溶液 30 mL,用毛笔蘸取 0.1 mol·L^{-1} 硫酸铜溶液在滤纸上写字,完成后将纸晾干,喷射黄血盐溶液,观察现象,写出离子方程式。

(3) 钴的配合物。

配制 0.1 mol·L^{-1} 硝酸钴溶液 30 mL,用毛笔蘸取 0.1 mol·L^{-1} 硝酸钴溶液在滤纸上写字,完成后将纸晾干,喷射黄血盐溶液,观察现象,写出离子方程式。

2. 清水的变化

取一支试管,加入 10 滴 0.1 mol·L^{-1} $AgNO_3$ 溶液,再加入 10 滴 0.1 mol·L^{-1} NaCl 溶液,观察现象;继续加入 10 滴 1 mol·L^{-1} 的氨水,观察现象;再加入 10 滴 0.1 mol·L^{-1} KI 溶液,观察现象;继续加入 10 滴 0.1 mol·L^{-1} Na_2S 溶液,观察颜色的变化并记录。

3. 流动的画

在两个表面皿上分别倒入适量的牛奶和蒸馏水,滴加红蓝染料于表面皿上,在两个表面皿上分别滴加 1～2 滴洗洁精,观察实验现象。

五、实验现象及解释

1. 隐形墨水

铁离子可与 SCN^- 生成红色配合物,与黄血盐可生成绛蓝色配合物;铜离子可与黄血盐生成红褐色配合物;钴离子可与黄血盐溶液生成黄色配合物。

2. 清水的变化

$AgNO_3$ 与 NaCl 溶液反应生成白色沉淀 AgCl,为清水变牛奶;而 AgCl 沉淀可以溶于弱碱性的氨水，所以溶液变无色，为牛奶变白酒；继续加入碘化钾溶液，会有黄色沉淀碘化银生成，为白酒变菠萝汁；最后加入硫化钠溶液，碘化银转化为溶度积较小的硫化银，黄色沉淀变为黑色沉淀，为菠萝汁变墨汁。

3. 流动的画

牛奶中的彩虹旋涡，其实是因为物体表面张力变化而形成的。

色素的密度比牛奶略小，因此一开始会浮在牛奶表面。而洗洁精或任意洗涤剂，实际上是表面活性剂，减少了色素的表面张力，从而使色素团变成彩虹旋涡。

【注意事项】

ⅰ. 黄血盐是亚铁氰化钾的别称，是一种黄色晶体，分子式为 $K_4Fe(CN)_6$。

ⅱ. 洗洁精含有多种活性成分、乳化剂，主要成分是表面活性剂，具有亲水性。牛奶中含有脂肪油性物质，具有亲油性。

思　考　题

1. 是否还有其他方法可制作隐形墨水？举例三种。
2. 写出实验步骤2“清水的变化”中主要变化的离子方程式。
3. 滴加洗洁精到带水的托盘中时会出现什么现象？为什么？

附　　录

附录 A　国际单位制的基本单位

附表 A-1　国际单位制的基本单位

量的名称	量的符号	单位名称	英文名称	单位符号
长度	l	米	Meter	m
质量	m	千克	Kilogram	kg
时间	t	秒	Second	s
电流	I	安[培]	Ampere	A
热力学温度	T	开[尔文]	Kelvin	K
发光强度	I_v	坎[德拉]	Candela	cd
物质的量	n	摩[尔]	Mole	mol

注：[ ]内的字，是在不致混淆的情况下，可以省略的字。

附录 B　常用物理化学常数

附表 B-1　常用物理化学常数

量的名称	符　　号	数值及单位
自由落体加速度（重力加速度）	g	$9.806\ 65\ \mathrm{m \cdot s^{-2}}$（准确值）
真空介电常数（真空电容率）	ε_0	$8.854\ 188 \times 10^{-12}\ \mathrm{F \cdot m^{-1}}$
电磁波在真空中的速度	c, c_0	$299\ 792\ 458\ \mathrm{m \cdot s^{-1}}$
阿伏加德罗常数	L, N_A	$(6.022\ 136\ 7 \pm 0.000\ 003\ 6) \times 10^{23}\ \mathrm{mol^{-1}}$
摩尔气体常数	R	$(8.314\ 510 \pm 0.000\ 070)\ \mathrm{J \cdot mol^{-1} \cdot K^{-1}}$
玻耳兹曼常数	k, k_B	$(1.380\ 658 \pm 0.000\ 012) \times 10^{-23}\ \mathrm{J \cdot K^{-1}}$
元电荷	e	$(1.602\ 177\ 33 \pm 0.000\ 000\ 49) \times 10^{-19}\ \mathrm{C}$
法拉第常数	F	$(9.648\ 530\ 9 \pm 0.000\ 002\ 9) \times 10^{4}\ \mathrm{C \cdot mol^{-1}}$
普朗克常量	h	$(6.626\ 075\ 5 \pm 0.000\ 004\ 0) \times 10^{-34}\ \mathrm{J \cdot s}$

附录 C　常用换算关系

附表 C-1　常用换算关系

非 SI 制单位名称	符　　号	换算因数
磅力每平方英寸	$\mathrm{bf \cdot in^{-2}}$	$1\ \mathrm{bf \cdot in^{-2}} = 6\ 894.757\ \mathrm{Pa}$
标准大气压	atm	$1\ \mathrm{atm} = 101.325\ \mathrm{kPa}$（准确值）

续表

非SI制单位名称	符　　号	换 算 因 数
千克力每平方米	$kgf \cdot m^{-2}$	$1\ kgf \cdot m^{-2} = 9.806\ 65\ Pa$（准确值）
托	Torr	1 Torr=133.322 4 Pa
工程大气压	at	1 at=98 066.5 Pa（准确值）
毫米汞柱	mmHg	1 mmHg=133.322 4Pa
英制热单位	Btu	1 Btu=1 055.056 J
15 ℃卡	cal_{15}	$1\ cal_{15} = 4.185\ 5\ J$
国际蒸气表卡	cal_{IT}	$1\ cal_{IT} = 4.186\ 8\ J$（准确值）
热化学卡	cal_{th}	$1\ cal_{th} = 4.184\ J$（准确值）

附录 D　常见弱酸、弱碱在水中的解离常数

附表 D-1　弱酸在水中的解离常数

弱　　酸	分　子　式	温度/K	分　　级	K_a	pK_a
硼酸	H_3BO_3	293		5.81×10^{-10}	9.236
碳酸	H_2CO_3	298	1	4.45×10^{-7}	6.352
		298	2	4.69×10^{-11}	10.329
氢氟酸	HF	298		6.31×10^{-4}	3.20
氢硫酸	H_2S	298	1	1.07×10^{-7}	6.97
		298	2	1.26×10^{-13}	12.90
次氯酸	HClO	298		2.90×10^{-8}	7.537
次溴酸	HBrO	298		2.82×10^{-9}	8.55
次碘酸	HIO	298		3.16×10^{-11}	10.5
碘酸	HIO_3	298		1.57×10^{-1}	0.804
亚硝酸	HNO_2	298		7.24×10^{-4}	3.14
过氧化氢	H_2O_2	298		2.29×10^{-12}	11.64
高碘酸	HIO_4	298		2.29×10^{-2}	1.64
磷酸	H_3PO_4	298	1	7.11×10^{-3}	2.148
		298	2	6.34×10^{-8}	7.198
		298	3	4.79×10^{-13}	12.32
焦磷酸	$H_4P_2O_7$	298	1	1.23×10^{-1}	0.91
		298	2	7.94×10^{-3}	2.10
		298	3	2.00×10^{-7}	6.70
		298	4	4.47×10^{-10}	9.35

续表

弱　酸	分　子　式	温度/K	分　级	K_a	pK_a
亚磷酸	H_3PO_3	293	1	3.72×10^{-2}	1.43
		293	2	2.09×10^{-7}	6.68
硫酸	H_2SO_4	298	2	1.02×10^{-2}	1.99
亚硫酸	H_2SO_3	298	1	1.29×10^{-2}	1.89
		298	2	6.24×10^{-8}	7.205
甲酸	HCOOH	298		1.77×10^{-4}	3.751
乙酸	CH_3COOH	298		1.75×10^{-5}	4.756
乳酸	$CH_3CH(OH)COOH$	298		1.39×10^{-4}	3.858
苯甲酸	C_6H_5COOH	298		6.2×10^{-5}	4.21
草酸	$H_2C_2O_4$	298	1	5.36×10^{-2}	1.271
		298	2	5.35×10^{-5}	4.272
酒石酸	HOOCCH(OH)CH(OH)COOH	298	1	9.20×10^{-4}	3.036
		298	2	4.31×10^{-5}	4.366
邻苯二甲酸	$C_6H_4(COOH)_2$	298	1	1.1×10^{-3}	2.95
		298	2	3.9×10^{-5}	4.41
柠檬酸	$HOC(CH_2COOH)_2COOH$	298	1	7.45×10^{-4}	3.128
		298	2	1.73×10^{-5}	4.761
		298	3	4.02×10^{-7}	6.396
苯酚	C_6H_5OH	298		4.31×10^{-5}	4.366

附表 D-2　弱碱在水中的解离常数

弱　碱	分　子　式	温度/K	分　级	K_b	pK_b
氨	NH_3	298		1.76×10^{-5}	4.754
六次甲基四胺	$(CH_2)_6N_4$	298		1.4×10^{-9}	8.85
甲胺	CH_3NH_2	298		4.17×10^{-4}	3.38
乙胺	$C_2H_5NH_2$	298		4.27×10^{-4}	3.37
二甲胺	$(CH_3)_2NH$	298		5.89×10^{-4}	3.23
二乙胺	$(C_2H_5)_2NH$	298		6.31×10^{-4}	3.20
三乙醇胺	$(HOCH_2CH_2)_3N$	298		5.8×10^{-7}	6.24
乙二胺	$H_2NCH_2CH_2NH_2$	298	1	8.5×10^{-5}	4.07
		298	2	7.1×10^{-8}	7.15
吡啶	C_5H_5N	298		1.48×10^{-9}	8.83

附录E 常见难溶化合物的溶度积

附表E-1 常见难溶化合物的溶度积(298.15 K)

难溶化合物	K_{sp}	难溶化合物	K_{sp}	难溶化合物	K_{sp}
$Ag_2C_2O_4$	5.40×10^{-12}	$Cd_3(PO_4)_2$	2.53×10^{-33}	$K_2[SiF_6]$	8.7×10^{-7}
Ag_2CO_3	8.46×10^{-12}	$CdC_2O_4\cdot3H_2O$	9.1×10^{-8}	Li_2CO_3	2.5×10^{-2}
Ag_2CrO_4	1.12×10^{-12}	$CdCO_3$	1.10×10^{-12}	LiF	1.84×10^{-3}
Ag_2S	6.3×10^{-50}	CdS	8.0×10^{-27}	Li_3PO_4	2.37×10^{-11}
Ag_2SO_3	1.50×10^{-14}	$Co(OH)_2$	5.92×10^{-15}	$Mg(OH)_2$	5.61×10^{-12}
Ag_2SO_4	1.20×10^{-5}	$Co(OH)_3$	1.6×10^{-44}	$MgCO_3$	6.82×10^{-6}
Ag_3AsO_4	1.03×10^{-22}	$Co_3(PO_4)_2$	2.05×10^{-35}	MgF_2	5.16×10^{-11}
Ag_3PO_4	8.89×10^{-17}	$CoCO_3$	1.4×10^{-13}	$Mn(OH)_2$	1.9×10^{-13}
AgBr	5.3×10^{-13}	α-CoS	4×10^{-21}	$MnCO_3$	2.34×10^{-11}
AgCl	1.77×10^{-10}	β-CoS	2×10^{-25}	$Ni(OH)_2$	5.48×10^{-16}
AgCN	5.97×10^{-17}	$Cr(OH)_3$	6.3×10^{-31}	$Ni_3(PO_4)_2$	4.47×10^{-32}
AgI	8.52×10^{-17}	CrF_3	6.6×10^{-11}	$NiCO_3$	1.42×10^{-7}
$AgIO_3$	3.0×10^{-8}	$Cu(IO_3)_2$	6.94×10^{-8}	NiC_2O_4	4×10^{-10}
$Al(OH)_3$	1.3×10^{-33}	$Cu(OH)_2$	2.2×10^{-20}	β-NiS	1×10^{-24}
$AlPO_4$	9.84×10^{-21}	Cu_2S	2.5×10^{-48}	$Pb(OH)_2$	1.43×10^{-15}
As_2S_3	2×10^{-7}	CuS	6.3×10^{-36}	$Pb_3(AsO_4)_2$	4.0×10^{-36}
$Ba_3(PO_4)_2$	3.4×10^{-23}	$Cu_3(PO_4)_2$	1.4×10^{-37}	$Pb_3(PO_4)_2$	8.0×10^{-43}
$BaCO_3$	2.58×10^{-9}	CuBr	6.27×10^{-9}	$Pb(IO_3)_2$	3.69×10^{-13}
$BaCrO_4$	1.71×10^{-10}	CuC_2O_4	4.43×10^{-10}	$PbCl_2$	1.70×10^{-5}
BaF_2	1.84×10^{-7}	CuCl	1.72×10^{-7}	$PbCO_3$	7.4×10^{-14}
$BaSO_3$	5.0×10^{-10}	CuCN	3.47×10^{-20}	PbC_2O_4	4.8×10^{-43}
$BaSO_4$	1.08×10^{-10}	$CuCO_3$	1.4×10^{-10}	$PbCrO_4$	2.8×10^{-13}
$Bi(OH)_3$	6.0×10^{-31}	CuI	1.27×10^{-12}	PbF_2	3.3×10^{-8}
$BiPO_4$	1.3×10^{-23}	CuSCN	1.77×10^{-13}	PbI_2	9.8×10^{-9}
Bi_2S_3	1×10^{-97}	$Fe(OH)_2$	4.87×10^{-17}	PbS	8.0×10^{-28}
BiI_3	7.71×10^{-19}	$Fe(OH)_3$	2.79×10^{-39}	$Pd(OH)_2$	1.43×10^{-15}
$BiO(NO_3)$	2.82×10^{-3}	$FeCO_3$	3.13×10^{-11}	$Sb(OH)_3$	4×10^{-42}
BiO(OH)	4×10^{-10}	$FePO_4$	9.91×10^{-16}	$Sn(OH)_2$	5.45×10^{-28}
BiOBr	3.0×10^{-7}	FeS	6.3×10^{-18}	$Sn(OH)_4$	1.0×10^{-56}
BiOCl	1.8×10^{-31}	Hg_2Cl_2	1.43×10^{-18}	SnS	1.0×10^{-25}
$BiPO_4$	1.3×10^{-23}	$Hg(OH)_2$	3.2×10^{-26}	$Sr_3(PO_4)_2$	4.0×10^{-28}
$Ca(OH)_2$	5.5×10^{-6}	$Hg_2(CN)_2$	5×10^{-40}	$SrCO_3$	5.60×10^{-10}
$Ca[SiF_6]$	8.1×10^{-4}	$Hg_2(SCN)_2$	2.0×10^{-20}	$SrCrO_4$	2.2×10^{-5}
$Ca_3(PO_4)_2$	2.07×10^{-29}	$Hg_2(OH)_2$	2×10^{-24}	SrF_2	4.33×10^{-9}
$CaC_2O_4\cdot H_2O$	2.32×10^{-9}	Hg_2Br_2	6.40×10^{-23}	$SrSO_4$	3.44×10^{-7}
$CaCO_3$	2.8×10^{-9}	Hg_2CO_3	3.6×10^{-17}	$Ti(OH)_3$	1.0×10^{-40}
$CaCrO_4$	7.1×10^{-4}	Hg_2I_2	5.2×10^{-29}	$Zn(OH)_2$	3.0×10^{-17}
CaF_2	5.3×10^{-11}	Hg_2S	1.0×10^{-47}	$Zn_3(PO_4)_2$	9.0×10^{-33}
$CaSiO_3$	2.5×10^{-8}	Hg_2SO_4	6.5×10^{-7}	$ZnCO_3$	1.46×10^{-10}
$CaSO_3$	4.93×10^{-5}	HgS(黑色)	1.6×10^{-52}	α-ZnS	1.6×10^{-24}
$CaSO_4$	4.93×10^{-5}	HgS(红色)	4.0×10^{-53}	β-ZnS	2.5×10^{-22}
$Cd(OH)_2$	7.2×10^{-15}	$K_2[PtCl_6]$	6.0×10^{-6}		

附录 F　常见配离子的稳定常数

附表 F-1　常见配离子的稳定常数

配　离　子	K_f	$\lg K_f$	配　离　子	K_f	$\lg K_f$
$[Ag(NH_3)_2]^+$	1.12×10^7	7.05	$[Fe(C_2O_4)_3]^{3-}$	1.58×10^{20}	20.20
$[Ag(S_2O_3)_2]^{3-}$	2.88×10^{13}	13.46	$[HgCl_4]^{2-}$	1.17×10^{15}	15.07
$[Ag(CN)_2]^-$	1.26×10^{21}	21.10	$[HgI_4]^{2-}$	6.76×10^{29}	29.83
$[Ag(SCN)_2]^-$	3.72×10^7	7.57	$[Hg(CN)_4]^{2-}$	2.51×10^{41}	41.4
$[AgI_2]^-$	5.5×10^{11}	11.74	$[Hg(SCN)_4]^{2-}$	1.70×10^{21}	21.23
$[AlF_6]^{3-}$	6.92×10^{19}	19.84	$[Ni(CN)_4]^{2-}$	2.0×10^{31}	31.3
$[Al(C_2O_4)_3]^{3-}$	2.0×10^{16}	16.30	$[Ni(NH_3)_6]^{2+}$	5.5×10^8	8.74
$[Au(CN)_2]^-$	2.0×10^{38}	38.30	$[Ni(en)_3]^{2+}$	2.14×10^{18}	18.33
$[CdCl_4]^{2-}$	6.31×10^2	2.8	$[SnCl_4]^{2-}$	30.2	1.48
$[Cd(CN)_4]^{2-}$	6.03×10^{18}	18.78	$[Zn(CN)_4]^{2-}$	5.01×10^{16}	16.70
$[Cd(NH_3)_4]^{2+}$	1.32×10^7	7.12	$[Zn(NH_3)_4]^{2+}$	2.88×10^9	9.46
$[Cd(NH_3)_6]^{2+}$	1.38×10^5	5.14	$[Zn(en)_3]^{2+}$	1.29×10^{14}	14.11
$[CdI_4]^{2-}$	2.57×10^5	5.41	$[AgY]^{3-}$	2.0×10^7	7.32
$[Co(SCN)_4]^{2+}$	1.0×10^3	3.00	$[AlY]^-$	1.29×10^{16}	16.11
$[Co(NH_3)_6]^{2+}$	1.29×10^5	5.11	$[CaY]^{2-}$	1.00×10^{11}	11.0
$[Co(NH_3)_6]^{3+}$	1.58×10^{35}	35.20	$[CoY]^{2-}$	2.04×10^{16}	16.31
$[CuI_2]^-$	7.08×10^8	8.85	$[CoY]^-$	1.0×10^{36}	36.00
$[Cu(CN)_2]^-$	1.0×10^{24}	24.00	$[CdY]^{2-}$	2.51×10^{16}	16.4
$[Cu(CN)_4]^{2-}$	2.0×10^{30}	30.30	$[CuY]^{2-}$	5.01×10^{18}	18.7
$[Cu(NH_3)_2]^+$	7.24×10^{10}	10.86	$[FeY]^{2-}$	2.14×10^{14}	14.33
$[Cu(NH_3)_4]^{2+}$	2.09×10^{13}	13.32	$[FeY]^-$	1.70×10^{24}	24.23
$[Cu(en)_2]^+$	6.31×10^{10}	10.80	$[HgY]^{2-}$	6.31×10^{21}	21.80
$[Cu(en)_3]^{2+}$	1.0×10^{21}	21.00	$[MgY]^{2-}$	4.37×10^8	8.64
$[Fe(CN)_6]^{4-}$	1.0×10^{35}	35.00	$[MnY]^{2-}$	6.31×10^{13}	13.8
$[Fe(CN)_6]^{3-}$	1.0×10^{42}	42.00	$[NiY]^{2-}$	3.63×10^{18}	18.56
$[Fe(C_2O_4)_3]^{4-}$	1.66×10^5	5.22	$[ZnY]^{2-}$	2.51×10^{16}	16.40

附录 G　标准电极电势

附表 G-1　在酸性溶液中标准电极电势(298.15 K)

电　对	电 极 反 应	$E^\ominus$/V
Li^+/Li	$Li^+ + e^- \rightleftharpoons Li$	−3.040 1
K^+/K	$K^+ + e^- \rightleftharpoons K$	−2.931
Ba^{2+}/Ba	$Ba^{2+} + 2e^- \rightleftharpoons Ba$	−2.912
Ca^{2+}/Ca	$Ca^{2+} + 2e^- \rightleftharpoons Ca$	−2.868

续表

电　对	电极反应	$E^{\ominus}$/V
Na^{+}/Na	$Na^{+}+e^{-} \rightleftharpoons Na$	−2.71
Mg^{2+}/Mg	$Mg^{2+}+2e^{-} \rightleftharpoons Mg$	−2.372
Al^{3+}/Al	$Al^{3+}+3e^{-} \rightleftharpoons Al$	−1.662
Mn^{2+}/Mn	$Mn^{2+}+2e^{-} \rightleftharpoons Mn$	−1.185
Zn^{2+}/Zn	$Zn^{2+}+2e^{-} \rightleftharpoons Zn$	−0.761 8
Cr^{3+}/Cr	$Cr^{3+}+3e^{-} \rightleftharpoons Cr$	−0.744
Ag_2S/Ag	$Ag_2S+2e^{-} \rightleftharpoons 2Ag+S^{2-}$	−0.036 6
$CO_2/HCOOH$	$CO_2+2H^{+}+2e^{-} \rightleftharpoons HCOOH$	−0.199
Fe^{2+}/Fe	$Fe^{2+}+2e^{-} \rightleftharpoons Fe$	−0.447
Co^{2+}/Co	$Co^{2+}+2e^{-} \rightleftharpoons Co$	−0.28
Ni^{2+}/Ni	$Ni^{2+}+2e^{-} \rightleftharpoons Ni$	−0.257
AgI/Ag	$AgI+e^{-} \rightleftharpoons Ag+I^{-}$	−0.152 24
Sn^{2+}/Sn	$Sn^{2+}+2e^{-} \rightleftharpoons Sn$	−0.137 5
Pb^{2+}/Pb	$Pb^{2+}+2e^{-} \rightleftharpoons Pb$	−0.126 2
Fe^{3+}/Fe	$Fe^{3+}+3e^{-} \rightleftharpoons Fe$	−0.037
H^{+}/H_2	$2H^{+}+2e^{-} \rightleftharpoons H_2$	0.000
$AgBr/Ag$	$AgBr+e^{-} \rightleftharpoons Ag+Br^{-}$	+0.071 33
S/H_2S	$S+2H^{+}+2e^{-} \rightleftharpoons H_2S(aq)$	+0.142
Sn^{4+}/Sn^{2+}	$Sn^{4+}+2e^{-} \rightleftharpoons Sn^{2+}$	+0.151
Cu^{2+}/Cu^{+}	$Cu^{2+}+e^{-} \rightleftharpoons Cu^{+}$	+0.153
$AgCl/Ag$	$AgCl+e^{-} \rightleftharpoons Ag+Cl^{-}$	+0.222 33
Hg_2Cl_2/Hg	$Hg_2Cl_2+2e^{-} \rightleftharpoons 2Hg+2Cl^{-}$	+0.268 08
Cu^{2+}/Cu	$Cu^{2+}+2e^{-} \rightleftharpoons Cu$	+0.341 9
$[Fe(CN)_6]^{3-}/[Fe(CN)_6]^{4-}$	$[Fe(CN)_6]^{3-}+e^{-} \rightleftharpoons [Fe(CN)_6]^{4-}$	+0.358
O_2/OH^{-}	$O_2+2H_2O+4e^{-} \rightleftharpoons 4OH^{-}$	+0.401
Cu^{+}/Cu	$Cu^{+}+e^{-} \rightleftharpoons Cu$	+0.521
I_2/I^{-}	$I_2+2e^{-} \rightleftharpoons 2I^{-}$	+0.535 5
MnO_4^{-}/MnO_4^{2-}	$MnO_4^{-}+e^{-} \rightleftharpoons MnO_4^{2-}$	+0.558
O_2/H_2O_2	$O_2+2H^{+}+2e^{-} \rightleftharpoons H_2O_2$	+0.695
$[PtCl_4]^{2-}/Pt$	$[PtCl_4]^{2-}+2e^{-} \rightleftharpoons Pt+4Cl^{-}$	+0.755
$(CNS)_2/CNS^{-}$	$(CNS)_2+2e^{-} \rightleftharpoons 2CNS^{-}$	+0.77
Fe^{3+}/Fe^{2+}	$Fe^{3+}+e^{-} \rightleftharpoons Fe^{2+}$	+0.771
Hg_2^{2+}/Hg	$Hg_2^{2+}+2e^{-} \rightleftharpoons 2Hg$	+0.797 3
Ag^{+}/Ag	$Ag^{+}+e^{-} \rightleftharpoons Ag$	+0.799 6
Hg^{2+}/Hg	$Hg^{2+}+2e^{-} \rightleftharpoons Hg$	+0.851
Hg^{2+}/Hg_2^{2+}	$2Hg^{2+}+2e^{-} \rightleftharpoons Hg_2^{2+}$	+0.920
HNO_2/NO	$HNO_2+H^{+}+e^{-} \rightleftharpoons NO+H_2O$	+0.983
$Br_2(l)/Br^{-}$	$Br_2(l)+2e^{-} \rightleftharpoons 2Br^{-}$	+1.066

续表

电　对	电极反应	$E^{\ominus}$/V
$Br_2(aq)/Br^-$	$Br_2(aq)+2e^- \rightleftharpoons 2Br^-$	+1.087 3
$Cu^{2+}/[Cu(CN)_2]^-$	$Cu^{2+}+2CN^-+e^- \rightleftharpoons [Cu(CN)_2]^-$	+1.103
ClO_3^-/ClO_2	$ClO_3^-+2H^++e^- \rightleftharpoons ClO_2+H_2O$	+1.15
IO_3^-/I_2	$2IO_3^-+12H^++10e^- \rightleftharpoons I_2+6H_2O$	+1.20
MnO_2/Mn^{2+}	$MnO_2+4H^++2e^- \rightleftharpoons Mn^{2+}+2H_2O$	+1.23
$ClO_3^-/HClO_2$	$ClO_3^-+3H^++2e^- \rightleftharpoons HClO_2+H_2O$	+1.152
O_2/H_2O	$O_2+4H^++4e^- \rightleftharpoons 2H_2O$	+1.229
$Cr_2O_7^{2-}/Cr^{3+}$	$Cr_2O_7^{2-}+14H^++6e^- \rightleftharpoons 2Cr^{3+}+7H_2O$	+1.232
Cl_2/Cl^-	$Cl_2+2e^- \rightleftharpoons 2Cl^-$	+1.358 27
BrO_3^-/Br^-	$BrO_3^-+6H^++6e^- \rightleftharpoons Br^-+3H_2O$	+1.423
ClO_3^-/Cl^-	$ClO_3^-+6H^++6e^- \rightleftharpoons Cl^-+3H_2O$	+1.451
PbO_2/Pb^{2+}	$PbO_2+4H^++2e^- \rightleftharpoons Pb^{2+}+2H_2O$	+1.455
ClO_3^-/Cl_2	$2ClO_3^-+12H^++10e^- \rightleftharpoons Cl_2+6H_2O$	+1.47
Au^{3+}/Au	$Au^{3+}+3e^- \rightleftharpoons Au$	+1.498
MnO_4^-/Mn^{2+}	$MnO_4^-+8H^++5e^- \rightleftharpoons Mn^{2+}+4H_2O$	+1.507
MnO_4^-/MnO_2	$MnO_4^-+4H^++3e^- \rightleftharpoons MnO_2+2H_2O$	+1.679
H_2O_2/H_2O	$H_2O_2+2H^++2e^- \rightleftharpoons 2H_2O$	+1.776
$S_2O_8^{2-}/SO_4^{2-}$	$S_2O_8^{2-}+2e^- \rightleftharpoons 2SO_4^{2-}$	+2.010
F_2/HF	$F_2+2H^++2e^- \rightleftharpoons 2HF$	+3.053

附表 G-2　在碱性溶液中标准电极电势(298.15 K)

电　对	电极反应	$E^{\ominus}$/V
$Ca(OH)_2/Ca$	$Ca(OH)_2+2e^- \rightleftharpoons Ca+2OH^-$	−3.02
$Mg(OH)_2/Mg$	$Mg(OH)_2+2e^- \rightleftharpoons Mg+2OH^-$	−2.69
ZnO_2^{2-}/Zn	$ZnO_2^{2-}+2H_2O+2e^- \rightleftharpoons Zn+4OH^-$	−1.215
$[Sn(OH)_6]^{2-}/HSnO_2^-$	$[Sn(OH)_6]^{2-}+2e^- \rightleftharpoons HSnO_2^-+3OH^-+H_2O$	−0.93
H_2O/OH^-	$2H_2O+2e^- \rightleftharpoons H_2+2OH^-$	−0.827 7
Ag_2S/Ag	$Ag_2S+2e^- \rightleftharpoons 2Ag+S^{2-}$	−0.66
SO_3^{2-}/S	$SO_3^{2-}+3H_2O+4e^- \rightleftharpoons S+6OH^-$	−0.691
$Fe(OH)_3/Fe(OH)_2$	$Fe(OH)_3+e^- \rightleftharpoons Fe(OH)_2+OH^-$	−0.56
S/S^{2-}	$S+2e^- \rightleftharpoons S^{2-}$	−0.476 27
$Cu(OH)_2/Cu$	$Cu(OH)_2+2e^- \rightleftharpoons Cu+2OH^-$	−0.222
$Cu(OH)_2/Cu_2O$	$2Cu(OH)_2+2e^- \rightleftharpoons Cu_2O+2OH^-+H_2O$	−0.080
O_2/HO_2^-	$O_2+H_2O+2e^- \rightleftharpoons HO_2^-+OH^-$	−0.076
NO_3^-/NO_2^-	$NO_3^-+H_2O+2e^- \rightleftharpoons NO_2^-+2OH^-$	+0.01
$S_4O_6^{2-}/S_2O_3^{2-}$	$S_4O_6^{2-}+2e^- \rightleftharpoons 2S_2O_3^{2-}$	+0.08
$[Co(NH_3)_6]^{3+}/[Co(NH_3)_6]^{2+}$	$[Co(NH_3)_6]^{3+}+e^- \rightleftharpoons [Co(NH_3)_6]^{2+}$	+0.108
IO_3^-/I^-	$IO_3^-+3H_2O+6e^- \rightleftharpoons I^-+6OH^-$	+0.26

续表

电　　对	电极反应	$E^{\ominus}$/V
ClO_3^-/ClO_2^-	$ClO_3^- + H_2O + 2e^- \rightleftharpoons ClO_2^- + 2OH^-$	+0.33
O_2/OH^-	$O_2 + 2H_2O + 4e^- \rightleftharpoons 4OH^-$	+0.401
IO^-/I^-	$IO^- + H_2O + 2e^- \rightleftharpoons I^- + 2OH^-$	+0.485
MnO_4^-/MnO_2	$MnO_4^- + 2H_2O + 3e^- \rightleftharpoons MnO_2 + 4OH^-$	+0.595
BrO_3^-/Br^-	$BrO_3^- + 3H_2O + 6e^- \rightleftharpoons Br^- + 6OH^-$	+0.61
ClO_3^-/Cl^-	$ClO_3^- + 3H_2O + 6e^- \rightleftharpoons Cl^- + 6OH^-$	+0.62
BrO^-/Br^-	$BrO^- + H_2O + 2e^- \rightleftharpoons Br^- + 2OH^-$	+0.761
HO_2^-/OH^-	$HO_2^- + H_2O + 2e^- \rightleftharpoons 3OH^-$	+0.878
ClO^-/Cl^-	$ClO^- + H_2O + 2e^- \rightleftharpoons Cl^- + 2OH^-$	+0.81

附录 H　水在不同温度下的饱和蒸气压

附表 H-1　水在不同温度下的饱和蒸气压

温度 t/℃	饱和蒸气压 p/(10^3 Pa)	温度 t/℃	饱和蒸气压 p/(10^3 Pa)	温度 t/℃	饱和蒸气压 p/(10^3 Pa)	温度 t/℃	饱和蒸气压 p/(10^3 Pa)
1	0.657 16	26	3.362 9	51	12.970	76	40.205
2	0.706 05	27	3.567 0	52	13.623	77	41.905
3	0.758 13	28	3.781 8	53	14.303	78	43.665
4	0.813 59	29	4.007 8	54	15.012	79	45.487
5	0.872 60	30	4.245 5	55	15.752	80	47.373
6	0.935 37	31	4.495 3	56	16.522	81	49.324
7	1.002 1	32	4.757 8	57	17.324	82	51.342
8	1.073 0	33	5.033 5	58	18.159	83	53.428
9	1.148 2	34	5.322 9	59	19.028	84	55.585
10	1.228 1	35	5.626 7	60	19.932	85	57.815
11	1.312 9	36	5.945 3	61	20.873	86	60.119
12	1.402 7	37	6.279 5	62	21.851	87	62.499
13	1.497 9	38	6.629 8	63	22.868	88	64.958
14	1.598 8	39	6.996 9	64	23.925	89	67.496
15	1.705 6	40	7.381 4	65	25.022	90	70.117
16	1.818 5	41	7.784 0	66	26.163	91	72.823
17	1.938 0	42	8.205 4	67	27.347	92	75.614
18	2.064 4	43	8.646 3	68	28.576	93	78.494
19	2.197 8	44	9.107 5	69	29.852	94	81.465
20	2.338 8	45	9.589 8	70	31.176	95	84.529
21	2.487 7	46	10.094	71	32.549	96	87.688
22	2.644 7	47	10.620	72	33.972	97	90.945
23	2.810 4	48	11.171	73	35.448	98	94.301
24	2.985 0	49	11.745	74	36.978	99	97.759
25	3.169 0	50	12.344	75	38.563	100	101.32

附录Ⅰ 常用元素国际相对原子质量

附表Ⅰ-1 常用元素国际相对原子质量

元素		原子序数	相对原子质量	元素		原子序数	相对原子质量
符号	名称			符号	名称		
Ag	银	47	107.863 2(2)	N	氮	7	14.006 74(7)
Al	铝	13	26.981 539(5)	Na	钠	11	22.989 768(6)
Ar	氩	18	39.948(1)	Nb	铌	41	92.906 38(2)
As	砷	33	74.921 59(2)	Nd	钕	60	144.24(3)
Au	金	79	196.966 54(3)	Ne	氖	10	20.179 7(6)
B	硼	5	10.811(5)	Ni	镍	28	58.693 4(2)
Ba	钡	56	137.327(7)	Np	镎	93	237.048 2
Be	铍	4	9.012 182(3)	O	氧	8	15.999 4(3)
Bi	铋	83	208.980 37(3)	Os	锇	76	190.2(1)
Br	溴	35	79.904(1)	P	磷	15	30.973 762(4)
C	碳	6	12.011(1)	Pa	镤	91	231.058 8(2)
Ca	钙	20	40.078(4)	Pb	铅	82	207.2(1)
Cd	镉	48	112.411(8)	Pd	钯	46	106.42(1)
Ce	铈	58	140.115(4)	Pr	镨	59	140.907 65(3)
Cl	氯	17	35.452 7(9)	Pt	铂	78	195.08(3)
Co	钴	27	58.933 20(1)	Ra	镭	88	226.025 4
Cr	铬	24	51.996 1(6)	Rb	铷	37	85.467 8(3)
Cs	铯	55	132.905 43(5)	Re	铼	75	186.207(1)
Cu	铜	29	63.546(3)	Rh	铑	45	102.905 50(3)
Dy	镝	66	162.50(3)	Ru	钌	44	101.07(2)
Er	铒	68	167.26(3)	S	硫	16	32.066(6)
Eu	铕	63	151.965(9)	Sb	锑	51	121.757(3)
F	氟	9	18.998 403 2(9)	Sc	钪	21	44.955 910(9)
Fe	铁	26	55.847(3)	Se	硒	34	78.96(3)
Ga	镓	31	69.723(1)	Si	硅	14	28.085 5(3)
Gd	钆	64	157.25(3)	Sm	钐	62	150.36(3)
Ge	锗	32	72.61(2)	Sn	锡	50	118.710(7)
H	氢	1	1.007 9(7)	Sr	锶	38	87.62(7)
He	氦	2	4.002 602(2)	Ta	钽	73	180.947 9(1)
Hf	铪	72	178.49(2)	Tb	铽	65	158.925 34(3)
Hg	汞	80	200.59(2)	Te	碲	52	127.60(3)
Ho	钬	67	164.930 32(3)	Th	钍	90	232.038 1(1)
I	碘	53	126.904 47(3)	Ti	钛	22	47.88(3)
In	铟	49	114.82(1)	Tl	铊	81	204.383 3(2)
Ir	铱	77	192.22(3)	Tm	铥	69	168.934 2(3)
K	钾	19	39.0983(1)	U	铀	92	238.028 9(1)
Kr	氪	36	83.80(1)	V	钒	23	50.941 5(1)
La	镧	57	138.905 5(2)	W	钨	74	183.85(3)
Li	锂	3	6.941(2)	Xe	氙	54	131.29(2)
Lu	镥	71	174.967(1)	Y	钇	39	88.905 85(2)
Mg	镁	12	24.305 0(6)	Yb	镱	70	173.04(3)
Mn	锰	25	54.938 05(1)	Zn	锌	30	65.39(2)
Mo	钼	42	95.94(1)	Zr	锆	40	91.224(2)

注:本表数据源自2005年IUPAC元素周期表(IUPAC 2005 standard atomic weights),以^{12}C为标准。相对原子质量末位数的不确定度加注在其后的括号内。

附录J　常用酸碱的浓度和密度

附表 J-1　常用酸碱的浓度和密度

试剂名称	密度/($g \cdot cm^{-3}$)	质量分数/(%)	物质的量浓度/($mol \cdot L^{-1}$)	试剂名称	密度/($g \cdot cm^{-3}$)	质量分数/(%)	物质的量浓度/($mol \cdot L^{-1}$)
浓硫酸	1.84	95～98	17.8～18.4	氢溴酸	1.38	40	7
稀硫酸	1.18	25	3	氢碘酸	1.70	57	7.5
稀硫酸	1.06	9	1	冰醋酸	1.05	99～100	17.5
浓盐酸	1.19	38	12	稀醋酸	1.04	35	6
稀盐酸	1.10	20	6	稀醋酸	1.02	12	2
稀盐酸	1.03	7	2	浓氢氧化钠	1.36	33	11
浓硝酸	1.40	65	14	稀氢氧化钠	1.09	8	2
稀硝酸	1.20	32	6	浓氨水	0.88	35	18
稀硝酸	1.07	12	2	浓氨水	0.91	25	13.5
稀高氯酸	1.12	19	2	稀氨水	0.96	11	6
浓氢氟酸	1.13	40	23	稀氨水	0.99	3.5	2

附录K　常用酸碱指示剂

附表 K-1　常用酸碱指示剂

指示剂	变色范围pH值	颜色变化	pK_{HIn}	溶液
百里酚蓝	1.2～2.8	红色～黄色	1.62	0.1%的20%乙醇溶液
甲基黄	2.9～4.0	红色～黄色	3.25	0.1%的90%乙醇溶液
甲基橙	3.1～4.4	红色～黄色	3.45	0.1%的水溶液
溴酚蓝	3.0～4.6	黄色～紫色	4.1	0.1%的20%乙醇溶液或其钠盐溶液
溴甲酚绿	4.0～5.6	黄色～蓝色	4.9	0.1%的20%乙醇溶液或其钠盐溶液
甲基红	4.4～6.2	红色～黄色	5.0	0.1%的60%乙醇溶液或其钠盐溶液
溴百里酚蓝	6.2～7.6	黄色～蓝色	7.3	0.1%的20%乙醇溶液或其钠盐溶液
中性红	6.8～8.0	红色～黄橙色	7.4	0.1%的60%乙醇溶液
苯酚红	6.8～8.4	黄色～红色	8.0	0.1%的60%乙醇溶液或其钠盐溶液
酚酞	8.0～10.0	无色～红色	9.1	0.2%的90%乙醇溶液
百里酚蓝	8.0～9.6	黄色～蓝色	8.9	0.1%的20%乙醇溶液
百里酚酞	9.4～10.6	无色～蓝色	10.0	0.1%的90%乙醇溶液

注：这里列出的是室温下，水溶液中各种指示剂的变色范围。实际上当温度改变或溶剂不同时，指示剂的变色范围是要移动的。另外，溶液中盐类的存在也会使指示剂变色范围发生移动。

附录L 常见离子及化合物的颜色

附表 L-1 常见离子颜色

离子	颜色	离子	颜色	离子	颜色
$[Co(H_2O)_6]^{2+}$	粉红色	$[CuCl_4]^{2-}$	黄色	$[Fe(phen)_3]^{2+}$	红色
$[Co(NH_3)_6]^{2+}$	黄色	$[Cu(H_2O)_4]^{2+}$	蓝色	$[Fe(SCN)_n]^{3-n}$	血红色
$[Co(NH_3)_6]^{3+}$	棕黄色	$[Cu(NH_3)_4]^{2+}$	深蓝色	$[FeCl_6]^{3-}$	黄色
$[Co(CN)_6]^{3-}$	紫色	$[Cu(OH)_4]^{2-}$	亮蓝色	$[Mn(H_2O)_6]^{2+}$	淡粉色
$[Co(SCN)_4]^{3-}$	蓝色	$[Fe(H_2O)_6]^{2+}$	淡绿色	MnO_4^{2-}	绿色
$[Cr(H_2O)_6]^{2+}$	蓝色	$[Fe(H_2O)_6]^{3+}$	淡紫色①	MnO_4^-	紫红色
$[Cr(H_2O)_6]^{3+}$	蓝紫色	$[Fe(CN)_6]^{4-}$	黄色	$[Ni(H_2O)_6]^{2+}$	绿色
$[Cr(NH_3)_6]^{3+}$	黄色	$[Fe(CN)_6]^{3-}$	红棕色	$[Ni(NH_3)_6]^{2+}$	蓝色
CrO_2^-	绿色	$[Fe(C_2O_4)_3]^{3-}$	黄色	$[Ni(en)_3]^{2+}$	紫色
CrO_4^{2-}	黄色	$[FeNO]^{2+}$	棕色	I_3^-	棕黄色
$Cr_2O_7^{2-}$	橙色	$[Fe(OH)(H_2O)_5]^{2+}$	黄棕色	S_x^{2-} (x=2～9)	黄色～红色

注:① $[Fe(H_2O)_6]^{3+}$为淡紫色,近于无色。但由于水解生成$[Fe(H_2O)_5(OH)]^{2+}$、$[Fe(H_2O)_5(OH)_2]^+$等,而使溶液呈黄棕色。若用强酸调到溶液 pH=0,则看到近无色的$[Fe(H_2O)_6]^{3+}$;若加 HCl,则未水解的 $FeCl_3$ 溶液由于生成$[FeCl_6]^{3-}$而使溶液呈黄色。

附表 L-2 常见化合物颜色

化合物	颜色	化合物	颜色	化合物	颜色	化合物	颜色
Ag_3AsO_4	红褐色	AgSCN	白色	$Bi(OH)_3$	白色	$CoCl_2 \cdot 2H_2O$	紫红色
AgBr	淡黄色	$Ag_2S_2O_3$	白色	BiO(OH)	灰黄色	$CoCl_2 \cdot 6H_2O$	粉红色
AgCl	白色	Ag_2SO_4	白色	Bi_2S_3	黑色	$Co[Fe(CN)_6]$	绿色
AgCN	白色	$Al(OH)_3$	白色	$CaCO_3$	白色	$Co_2(OH)_2CO_3$	白色
Ag_2CO_3	白色	As_2S_3	黄色	CaC_2O_4	白色	CoO	灰绿色
$Ag_2C_2O_4$	白色	$BaCO_3$	白色	$CaCrO_4$	黄色	Co_2O_3	黑色
Ag_2CrO_4	砖红色	BaC_2O_4	白色	$CaHPO_4$	白色	$Co(OH)_2$	粉红色
$Ag_3[Fe(CN)_6]$	橙色	$BaCrO_4$	黄色	CaO	白色	Co(OH)Cl	蓝色
$Ag_4[Fe(CN)_6]$	白色	$BaFeO_4$	红棕色	$Ca(OH)_2$	白色	$Co(OH)_3$	褐棕色
Ag_2CO_3	白色	$Ba_3(PO_4)_2$	白色	$Ca_3(PO_4)_2$	白色	CoS	黑色
AgI	黄色	$BaSO_3$	白色	$CaSO_4$	白色	$CoSiO_3$	紫色
$AgNO_2$	淡黄色	$BaSO_4$	白色	$CaSO_3$	白色	$CoSO_4 \cdot 7H_2O$	红色
Ag_2O	棕褐色	BaS_2O_3	白色	$CdCO_3$	白色	$Co[Hg(SCN)_4]$	蓝色
$AgPO_3$	白色	$Bi(OH)CO_3$	白色	CdO	棕灰色	$CrCl_3 \cdot 6H_2O$	绿色
Ag_3PO_4	黄色	BiI_3	白色	$Cd(OH)_2$	白色	Cr_2O_3	绿色
$Ag_4P_2O_7$	白色	BiOCl	白色	CdS	黄色	CrO_3	红色
Ag_2S	黑色	Bi_2O_3	黄色	$CoCl_2$	蓝色	CrO_5	深蓝色

续表

化　合　物	颜色	化　合　物	颜色	化　合　物	颜色	化　合　物	颜色
$Cr(OH)_3$	灰蓝色	Fe_3O_4	黑色	$K_3[Fe(C_2O_4)_3]$	绿色	PbO_2	棕褐色
$Cr_2(SO_4)_3 \cdot 6H_2O$	绿色	$Fe(OH)_2$	白色	$MgNH_4AsO_4$	白色	Pb_3O_4	红色
$Cr_2(SO_4)_3$	棕红色	$Fe(OH)_3$	红棕色	$MgCO_3$	白色	$Pb(OH)_2$	白色
$Cr_2(SO_4)_3 \cdot 18H_2O$	蓝紫色	$FePO_4$	淡黄色	$MgNH_4PO_4$	白色	PbS	黑色
$CuCl$	白色	FeS	棕黑色	$Mg(OH)_2$	白色	$PbSO_4$	白色
$CuCl_2$	棕色	Fe_2S_3	黑色	$MnCO_3$	白色	SbI_3	黄色
$CuCl_2 \cdot 2H_2O$	蓝色	$Fe_2(SiO_3)_3$	棕红色	MnO_2	黑色	Sb_2O_3	白色
CuI	白色	Hg_2Cl_2	白色	$MnO(OH)_2$	棕色	Sb_2O_5	淡黄色
$Cu(IO_3)_2$	白色	Hg_2I_2	黄色	$Mn(OH)_2$	白色	MnS	淡粉色
CuO	黑色	HgI_2	红色	$NaBiO_3$	土黄色	$Sb(OH)_3$	白色
Cu_2O	暗红色	$Hg(NH_2)Cl$①	白色	Na_2FeO_4	紫红色	$SbOCl$	白色
$Cu(OH)_2$	淡蓝色	Hg_2O	黑色	$Ni(CN)_2$	淡棕色	Sb_2S_3	橙色
$CuOH$	黄色	HgO	黄色或红色	$Ni_2(OH)_2CO_3$	淡绿色	Sb_2S_5	橙红色
$CuSO_4 \cdot 5H_2O$	蓝色			NiO	暗绿色	$Sn(OH)_2$	白色
$Cu_2(OH)_2SO_4$	淡蓝色	$HgO \cdot Hg(NH_2)I$	红棕色	Ni_2O_3	黑色	$Sn(OH)Cl$	白色
$Cu_2(OH)_2CO_3$	暗绿色	$Hg_2(OH)_2CO_3$	红褐色	$Ni(OH)_2$	绿色	$Sn(OH)_4$	白色
Cu_2S	黑色	HgS	红色或黑色②	$Ni(OH)_3$	黑色	SnS	灰褐色
CuS	黑色			NiS	黑色	SnS_2	黄色
$Cu(SCN)_2$	黑绿色	$Hg(SCN)_2$	白色	$PbBr_2$	白色	$Zn_2(OH)_2CO_3$	白色
$Cu_2[Fe(CN)_6]$	红褐色	Hg_2SO_4	白色	$PbCl_2$	白色	ZnC_2O_4	白色
$FeCl_3 \cdot 6H_2O$	黄棕色	$KClO_4$	白色	$PbCO_3$	白色	$Zn_2[Fe(CN)_6]$	白色
$FeC_2O_4 \cdot 2H_2O$	黄色	$K_3Fe(CN)_6$	深红色	PbC_2O_4	白色	$Zn_3[Fe(CN)_6]_2$	黄褐色
$Fe_4[Fe(CN)_6]_3$	蓝色	$K_4Fe(CN)_6 \cdot 3H_2O$	黄色	$PbCrO_4$	黄色	ZnO	白色
FeO	黑色	$K_3[Co(NO_2)_6]$	黄色	PbI_2	黄色	$Zn(OH)_2$	白色
Fe_2O_3	砖红色	$K_2Na[Co(NO_2)_6]$	亮黄色	PbO	黄色	ZnS	白色
						$Zn[Hg(SCN)_4]$	白色

注：① $Hg(NO_3)_2$与 $NH_3 \cdot H_2O$ 反应则生成 $HgO \cdot Hg(NH_2)NO_3$白色沉淀，而 $Hg_2(NO_3)_2$与 $NH_3 \cdot H_2O$ 反应则生成 $HgO \cdot Hg(NH_2)NO_3$和 Hg 黑色沉淀。

② 人工制备的 HgS 是黑色的，天然产的 HgS 是红色的。

主要参考文献

[1] 宋天佑.简明无机化学[M].北京:高等教育出版社,2007.

[2] 黄孟健,黄炜.无机化学考研攻略[M].北京:科学出版社,2004.

[3] 徐家宁,门瑞之,张寒琦.基础化学实验(上)[M].北京:高等教育出版社,2006.

[4] 李铭岫.无机化学实验[M].北京:北京理工大学出版社,2002.

[5] 吴建中.无机化学实验[M].北京:化学工业出版社,2008.

[6] 姚卡玲.大学基础化学实验[M].北京:中国质检出版社,2008.

[7] 武汉大学化学与分子科学学院实验中心.普通化学实验[M].武汉:武汉大学出版社,2004.

[8] 北京师范大学《化学实验规范》编写组.化学实验规范[M].北京:北京师范大学出版社,1987.

[9] 崔爱莉.基础无机化学实验[M].北京:高等教育出版社,2007.

[10] 朱玲,徐春祥.无机化学实验[M].北京:高等教育出版社,2005.

[11] 严宣申,王长富.普通无机化学[M].2版.北京:北京大学出版社,1987.

[12] 刘新锦,朱亚先,高飞.无机元素化学[M].北京:科学出版社,2004.

[13] 武汉大学化学与分子科学学院实验中心.无机化学实验[M].武汉:武汉大学出版社,2002.

[14] 宋芳.绿锈制备的实验与模拟[D].上海:同济大学,2008.

[15] 中山大学.无机化学实验[M].北京:高等教育出版社,1992.

[16] 冯丽娟.无机化学实验[M].青岛:中国海洋大学出版社,2009.

[17] 王少亭.大学基础化学实验[M].北京:高等教育出版社,2004.

[18] 何红运.本科化学实验(一)[M].长沙:湖南师范大学出版社,2008.

[19] 楚伟华,方永奎,李雪峰.优质固体酒精的研制与性能实验[J].山东化工,34(4):11-13.

[20] 铁步荣.无机化学实验[M].北京:科学出版社,2002.

[21] 郭启航,杨金凤,于锋.几种显色反应的化学趣味实验[J].化学教与学,2017,12:79-80.

[22] 孙会宁,张建,石建屏.表面活性剂去污原理分析及研究[J].山西化工,2018,5,96-98.

[23] 古国榜,李朴,展树中.无机化学实验[M].北京:化学工业出版社,2014.

[24] 袁书玉.无机化学实验[M].北京:清华大学出版社,1996.

[25] 宋光泉.大学通用化学实验技术[M].北京:高等教育出版社,2009.

[26] 天津大学无机化学教研室编.无机化学[M].4版.北京:高等教育出版社,2010.